ANDRÉ SEEGER

BARF
FÜR HUNDE

ANDRÉ SEEGER

BARF
FÜR HUNDE

DIE BARF-GRUNDLAGEN VERSTEHEN

SO FUNKTIONIERT BARF IN DER PRAXIS

BARF FÜR SPEZIALFÄLLE

DIE BARF-
GRUNDLAGEN
VERSTEHEN

Unter BARF versteht man die »biologisch artgerechte Rohfütterung«. Es ist eine Methode, Hunde gemäß ihren Bedürfnissen als Fleischfresser gesund zu ernähren.

DIE ETWAS ANDERE FÜTTERUNGSMETHODE

Fertigfutter ist praktisch, aber ist es für den Hund wirklich optimal? Mit BARF entscheiden Sie allein, was in den Napf kommt: abwechslungsreiches, artgerechtes und schmackhaftes rohes Futter, ganz nach dem Vorbild der Natur. So bekommt Ihr Hund alle Nährstoffe, die er braucht.

Als ich vor gut 25 Jahren meinen ersten Hund hatte, machte ich mir keine Gedanken über sein Futter. Im breiten Sortiment der Supermärkte und Fachhandlungen gab es ja genug Auswahl. Doch was gutes Hundefutter tatsächlich enthalten sollte, war mir damals nicht bekannt. Auch dass in den meisten Sorten – ob teuer oder billig – wenig Fleisch und viel anderes enthalten war, machte mich nicht stutzig. Dann musste mein vorletzter Hund, ein Labrador, mit neuneinhalb Jahren wegen einer starken Arthrose eingeschläfert werden. Heute ist mir klar, dass ich seine Lebensdauer und -qualität etwas hätte verlängern können, wenn ich schon damals gewusst hätte, was ich heute weiß.

Bei meinem nächsten Hund wollte ich natürlich alles richtig machen: Er bekam nur das beste und teuerste Futter. Doch mit sechs Jahren kam die Diagnose Krebs. Weil ich mittlerweile schon öfter etwas über den Zusammenhang von Krebs und Ernährung beim Menschen gehört hatte, begann ich, Informationen zum Thema Krebs bei Hunden zu sammeln. Immer wieder stieß ich dabei auf die Begriffe Rohfütterung und Getreidefreiheit, also die BARF-Fütterung. Schließlich absolvierte ich eine Ausbildung zum Ernährungsberater für Tiere mit dem Schwerpunkt Hunde und Katzen, später noch zum zertifizierten BARF-Berater nach Swanie Simon. Zeitgleich stellte ich die Ernährung meines Hundes um und war begeistert über die nach wenigen Tagen einsetzende Veränderung: Er wurde agiler, fraß mit deutlich mehr Freude und wirkte zufriedener. Übrigens ist er heute mit fast elf Jahren bei bester Gesundheit. Und die Umstellung der Fütterung war gar nicht so kompliziert, wie ich zunächst dachte.

Was bedeutet BARF?

Der Begriff BARF stammt aus dem Englischen. Ursprünglich war es die Abkürzung für »Bone and Raw Food« (Knochen- und rohes Futter). Heute hat sich in Deutschland als Übersetzung »Biologisch artgerechtes rohes Futter« durchgesetzt. Zugleich etablierte sich das Wort »barfen« für das Füttern nach dem BARF-Prinzip.

Für Sie ist BARF die Möglichkeit, Ihren Hund gemäß den Bedürfnissen eines Fleischfressers artgerecht und gesund zu ernähren.

WIE BARF ENTSTAND

1970 befasste sich der Australier Dr. Ian Billinghurst in seinem Studium der Tiermedizin das erste Mal mit industriell hergestelltem Hundefutter und den Zivilisationskrankheiten der Hunde. Bis dahin war in Australien Fertigfutter für Hunde kaum verbreitet. Hunde wurden in der Regel mit rohen Fleischknochen und Küchenresten ernährt. Im Rahmen einer Studie fütterte Billinghurst seine eigenen Hunde, die bislang nur Fleischknochen und Küchenreste erhalten hatten, mit Fertigfutter und stellte fest, dass sich ihr Wohlbefinden und Gesundheitszustand verschlechterte. Beeindruckt von diesen Ergebnissen, widmete er sich die nächsten zehn Jahre dem Thema Hundeernährung und legte den Grundstein für BARF.

Ende der 90er-Jahre wurde die amerikanische Hundezüchterin Debbie Tripp auf diese Fütterungsmethode aufmerksam. Aufgrund der Erkrankungen ihrer Hunde begann sie, ihre Tiere zu barfen. Weil sie feststellte, dass ihre Hunde deutlich zufriedener und gesünder wurden, war sie schnell überzeugt. In Dr. Billinghurst fand sie zudem einen Mitstreiter, der sie unterstützte, das BARF-Prinzip auch in Amerika populär zu machen.

In der darauf folgenden Zeit beschäftigten sich immer mehr Menschen mit BARF und entwickelten es im Lauf der Jahre weiter. Zwar gibt es viele Meinungen und Vorgehensweisen, doch durchgesetzt hat sich ein Schema, das sich an das Fress- und Beuteverhalten der Wölfe und Wildhunde anlehnt. Übrigens: Der Begriff »biologisch« in der deutschen Übersetzung von BARF wird nicht im Sinne von biologisch angebauten oder gewonnenen Produkten verwendet, sondern bezieht sich auf die ursprüngliche – biologische – Ernährung von Tieren. Fleischfresser fressen Fleisch, Pflanzenfresser Pflanzen und Allesfresser beides.

MYTHOS: BARF KOSTET SEHR VIEL ZEIT

Manche Hundebesitzer befürchten, dass Barfen sehr zeitaufwendig ist. Doch das ist nicht ganz richtig. Sicher geht es schneller, wenn man eine Dose Fertigfutter öffnet und eine Portion in den Napf gibt. Doch mit etwas Planung dauert die tägliche Futterzubereitung auch beim Barfen nur ein paar Minuten. Kaufen Sie Fleisch, Gemüse etc. auf Vorrat, zerkleinern Sie das Futter, und frieren Sie es in Portionen ein (→ Seite 45–49). Am Abend oder Morgen eine Tagesration zum Auftauen aus dem Tiefkühler nehmen, Öl und evtl. Kalziumsupplemente zugeben – und der Napf ist in kürzester Zeit mit bestem Futter gefüllt.

Ein Menü nach dem BARF-Prinzip: Fleisch, Innereien, Knochen, etwas Gemüse und Obst und ein wenig Öl – frisches, unbehandeltes Futter, das schmeckt.

Eine Mahlzeit aus konventionellem Trockenfutter mag alle Nährstoffe enthalten. Doch man kann darüber streiten, ob solches Futter natürlich und artgerecht ist.

Die Natur macht es vor

Wölfe sind zwar Fleischfresser, doch sie nehmen bei Weitem nicht nur Fleisch zu sich. Schließlich verzehren sie ganze Beutetiere und mit ihnen Muskelfleisch, Knochen und Knorpel, an Vitaminen reiche Innereien und – über den Mageninhalt des Beutetiers – auch Pflanzen. Dadurch stehen ihnen alle notwendigen Nährstoffe in einem ausgewogenen Verhältnis zur Verfügung.
BARF imitiert dieses »Prinzip Beutetier« (→ Seite 22). In den Napf kommen Muskelfleisch, Knochen und Knorpel, Innereien sowie Obst und Gemüse, angereichert mit Ölen und wenigen Nahrungsergänzungsmitteln, um die Versorgung mit essenziellen Fettsäuren, Vitaminen und Mineralien zu sichern.

Ein solches Futter schmeckt jedem Hund – sowohl denen, die einfach alles vertilgen, als auch jenen, die eher mäkelig sind. Gerade für diese Hunde ist BARF gut geeignet, da sie in der Regel dem Geruch und Geschmack frischer Nahrung kaum widerstehen können. Konventionelles Hundefutter besteht dagegen oft aus einem relativ hohen Anteil Getreide, aus Zusatzstoffen wie Vitaminen und Mineralien und nur einer geringen Menge Fleisch und Knochenmehl. Weil Hunde aber in erster Linie Fleischfresser sind, verwundert es nicht, dass auch sie mittlerweile an »Zivilisationserkrankungen« leiden: Übergewicht, Allergien, Diabetes, Krebs, Nieren- und Lebererkrankungen haben stark zugenommen. Mit BARF können Sie diesem Trend bei Ihrem Hund entgegenwirken.

WIE DIE VERDAUUNG FUNKTIONIERT

In puncto Verhalten haben Hunde im Verlauf der Domestizierung viel dazugelernt und unterscheiden sich deutlich vom Stammvater Wolf. Doch auf körperlicher Ebene sind sich beide noch sehr ähnlich. Im Großen und Ganzen brauchen Hunde dieselben Nährstoffe wie ihre wilden Ahnen.

Nach genetischen Untersuchungen des amerikanischen Forschers Robert Wayne aus dem Jahr 2010 sind Hund und Wolf vermutlich schon vor ungefähr 130 000 Jahren »getrennte« Wege gegangen. Andere Wissenschaftler gehen allerdings von anderen Zeiträumen aus. Doch welche Ergebnisse die Forschungen in Zukunft auch liefern mögen, eines ist klar: Auch heute noch haben Wolf und Hund viele Gemeinsamkeiten.

In jedem Hund steckt noch ein Wolf

Unter Forschern ist es unumstritten, dass viele Verhaltensweisen in unterschiedlicher Ausprägung nach wie vor in den Genen unserer Haushunde verankert sind.

Das können Sie beobachten, wenn Ihr gut sozialisierter Hund mit seinen Artgenossen in Kontakt kommt. So ist z. B. das Lecken der Schnauze von erwachsenen Hunden durch Welpen als Geste der Unterwürfigkeit tief in den Genen verankert. Und unsere Hunde le-

gen noch viele andere »wölfische« Verhaltensweisen an den Tag.

Was die Versorgung mit Nahrung angeht, unterscheiden sich Wolf und Hund jedoch sehr stark. Wölfe gehen auf die Jagd, machen Beute und versorgen sich so mit allem, was sie benötigen. Sie müssen aber auch magere Phasen durchstehen und können sogar mehrere Tage ohne Nahrung aushalten.

Unsere Hunde brauchen sich dagegen in der Regel wenig Gedanken um die Verfügbarkeit von Futter machen, der Napf wird täglich gut gefüllt serviert.

Dennoch ist für unsere Hunde – genau wie für den Wolf – die Nahrungsaufnahme neben der Fortpflanzung eines der wichtigsten Bedürfnisse.

Der Speiseplan des Wolfs

Wölfe jagen und verzehren – je nach Rudelgröße – pflanzenfressendes Groß- bzw. Kleinwild. Ein großes, intaktes Rudel ist durchaus in der Lage, einen Hirsch oder Büf-

Die Beute liefert dem Wolf eine komplette Mahlzeit mit allen nötigen Nährstoffen in der richtigen Menge.

fel zu reißen – vor allem, wenn ein Tier geschwächt oder erkrankt ist –, wohingegen ein einzelner Wolf sich mit kleinen Tieren wie einem Kaninchen oder Vögeln zufriedengeben muss.

Auf dem Speiseplan steht in erster Linie Wild wie Rehe, Hirsche und Wildschweine, aber eben auch Hasen, Kaninchen, Mäuse, Vögel, Fische sowie ab und zu Insekten. Sogar Kräuter, Wurzeln und Beeren werden gelegentlich aufgenommen. Leben Wölfe in der Nähe von Menschen, kann es auch einmal ein Schaf, ein junges Rind oder ein Huhn sein. In allen Fällen wird das Beutetier samt Haut verzehrt,

insbesondere in Zeiten, in denen die Nahrung knapp ist. Jeder Wolf bedient sich entsprechend seiner Stellung im Rudel. Das ranghöchste Tier frisst meist die beliebtesten Teile der Beute.

Als Erstes werden Innereien wie Leber und Milz verzehrt. Sie versorgen die Tiere mit allen nötigen Nährstoffen und Vitaminen. Vor allem die Leber des Beutetiers ist eine echte Vitaminbombe, die sich die Alphatiere gern schmecken lassen. Weil Fett und Fleisch Energielieferanten Nummer 1 sind, folgen sie auf der Beliebtheitsskala an zweiter Stelle. Knochen und Knorpel schließlich sorgen für eine ausreichende Kalziumzufuhr und obendrein für Kauvergnügen. Im vorverdauten Mageninhalt des Beutetiers finden die Wölfe pflanzliche Nahrung, die Rohfasern samt Vitaminen liefert, und die Magenwände enthalten wichtige Bakterien, die unter anderem für eine geregelte Verdauung sorgen. Lediglich wenige Komponenten wie z. B. die Wirbelsäule und sehr große Knochen werden instinktiv nicht gefressen, da sie sehr hart sind, leicht splittern und deshalb zu Verletzungen führen können.

Durch den Verzehr des ganzen Beutetiers bekommt der Wolf also alle lebenswichtigen Nährstoffe: Eiweiß, Fett, Vitamine, Mineralstoffe, Enzyme und Rohfasern.

Erwachsene Wölfe fressen, wenn möglich, täglich etwa 2–3 kg Fleisch, manchmal aber auch deutlich mehr. Ein Teil des Futters wird jedoch meist wieder hochgewürgt und als Vorrat vergraben. Außerdem verschlingen Wölfe ihre Beute meist rasch in großen Stücken, damit Artgenossen ihnen ihren Anteil nicht streitig machen können.

Die Verdauung des Hundes

Grundsätzlich beziehen Hunde ebenso wie der Wolf ihren Energiefbedarf überwiegend aus Proteinen (Eiweiße) und Fett.

DIE SACHE MIT DEN KOHLENHYDRATEN

Kohlenhydrate wie Einfach- und Mehrfachzucker, wie sie z. B. in Obst enthalten sind, können sowohl Wolf als auch Hund gut verwerten. In der Nutzung von Kohlenhydraten wie Stärke, die z. B. in Getreide und Kartoffeln enthalten ist, unterscheiden sie sich jedoch. Während Wölfe Stärke kaum verwerten können – es sei denn in vorverdauter Form im Mageninhalt ihrer Beute –, können Hunde Stärke deutlich besser verdauen, wie schwedische Wissenschaftler herausgefunden haben. Dies ist eine Anpassung an das veränderte Nahrungsangebot, die sich im Lauf der Domestikation – also der Entwicklung vom Wolf zum Hund – ergeben hat.
Dies heißt aber nun nicht, dass stärkehaltige Nahrung im Futternapf die Hauptrolle spie-

Ein Wolfsrudel muss immer auf Trab sein, um sich die notwendige Nahrung zu beschaffen.

Anders als Wölfe schnuppern Hunde nur zum Vergnügen nach Fressbarem, denn ihr Napf ist immer gut gefüllt.

len sollte. Die Gewinnung von Energie aus solchen Nahrungsmitteln ist zwar möglich, aber nicht annähernd so gut wie bei Pflanzenfressern (→ Seite 20).

Wenn wir uns die Verdauung des Hundes anschauen, verstehen wir auch, warum das so ist. Fleischfresser haben, unter anderem weil sie kaum Kohlenhydrate verdauen müssen, verglichen mit Pflanzenfressern einen sehr kurzen Darm. Dies ist im Tierreich immer ein Hinweis darauf, dass es sich bei der Art nicht um einen Pflanzenfresser handelt. Und selbst für Pflanzenfresser ist die Verdauung pflanzlicher Nahrung eine große Herausfor-

derung, die sie nur mithilfe von Mikroorganismen, die in ihrem Verdauungssystem leben, bewältigen können.

Beim Hund beträgt das Verhältnis von Körper- zu Darmlänge etwa 1 : 6,8. So hat beispielsweise ein großer Golden Retriever einen ca. 10 m langen Darm. Beim Rind beträgt das Verhältnis etwa 1 : 20, bei Schaf und Ziege 1 : 25 und beim Pferd etwa 1 : 10. Entsprechend der Darmlänge hat der Hund eine relativ kurze Verdauungszeit, zumindest wenn er rohes Futter bekommt. Rohes Futter verbleibt nur acht bis zehn Stunden im Darm, dann werden die Reste ausgeschieden. Im Vergleich dazu braucht Futter mit einem hohen Getreideanteil ungefähr 24 Stunden, bis es vom Hund verwertet und wieder ausgeschieden wird. Oft sind Verdauungsstörungen wie Blähungen die Folge.

EINDEUTIG FLEISCHFRESSER

Ein Überblick über die wesentlichen Elemente des Verdauungssystems der Hunde zeigt, dass sie eindeutig Fleischfressern sind. Hunde haben …

◆ keine Mahlzähne zum Zerkleinern faserreicher Pflanzennahrung. Sie haben vielmehr ein Scherengebiss. Das heißt, dass die Zähne von Ober- und Unterkiefer nicht aufeinandertreffen, sondern aneinander vorbei laufen – ideal, um Fleischstücke aus Beutetieren zu schneiden.

◆ keine Enzyme im Speichel, die Stärke abbauen können.

◆ eine starke Magensäure zur Verdauung von Fleisch und Knochen sowie zur Bekämpfung von Bakterien.

◆ einen kurzen Darm, da Eiweiße und Fette schnell verwertet werden. Wegen der kurzen Verdauungszeit können sich eventuell in der Nahrung vorhandene Bakterien oder Parasiten kaum im Darm einnisten – ein Vorteil, weil Hunde manchmal auch Aas oder Abfall fressen.

◆ die Fähigkeit, viel Nahrung auf einmal aufzunehmen.

Im Gegensatz dazu sieht das »Verdauungsprofil« eines typischen Pflanzenfressers ungefähr so aus:

Eine Kuh hat ...

◆ flache Backenzähne zum Zermahlen der Nahrung.

◆ als Wiederkäuer vier Mägen – den Labmagen sowie drei Vormägen (Pansen, Netzmagen, Blättermagen) – mit insgesamt 110–230 l Volumen. Die Vormägen sind von Mikroorganismen besiedelt, die die sonst kaum verdaulichen pflanzlichen Nahrungsbestandteile abbauen.

◆ einen Dünndarm und einen Dickdarm mit einer Gesamtlänge von ca. 54 m.

Die Verdauungsorgane

Um zu verstehen, wie Hunde ihr Futter genau verwerten, hilft ein wenig Wissen über ihre Verdauungsorgane.

Der Magen-Darm-Trakt des Hundes ist genau an die Ernährungsweise eines Fleischfressers angepasst. Er lässt sich in vier Abschnitte unterteilen: den Kopfdarm, zu dem die Maulhöhle mit Zunge, Zähnen und Speicheldrüsen sowie die Rachenhöhle zählt, den Vorderdarm mit Speiseröhre und Magen, den Mitteldarm mit Zwölffingerdarm, Leer-

darm und Hüft- oder Krummdarm, die man zusammen auch als Dünndarm bezeichnet sowie den Enddarm, der aus dem Dickdarm mit dem Blinddarm, dem Grimmdarm und dem Mastdarm besteht. Den Abschluss bildet der Analkanal, in dem die Analdrüsen sitzen (→ Seite 21).

DER KOPFDARM

Die Verdauung beginnt bereits in der Maulhöhle. In ihr liegen Zähne, Zunge, Speicheldrüsen und Unterzungendrüsen. In den Wangen befinden sich Schleimdrüsen. Zusammen mit der Ohrspeicheldrüse sorgen sie für das Einspeicheln der Nahrung, damit die-

Mit solchen Zähnen kann man prima Fleisch zerteilen: Das Scherengebiss des Hundes zeigt, dass er ein Fleischfresser ist.

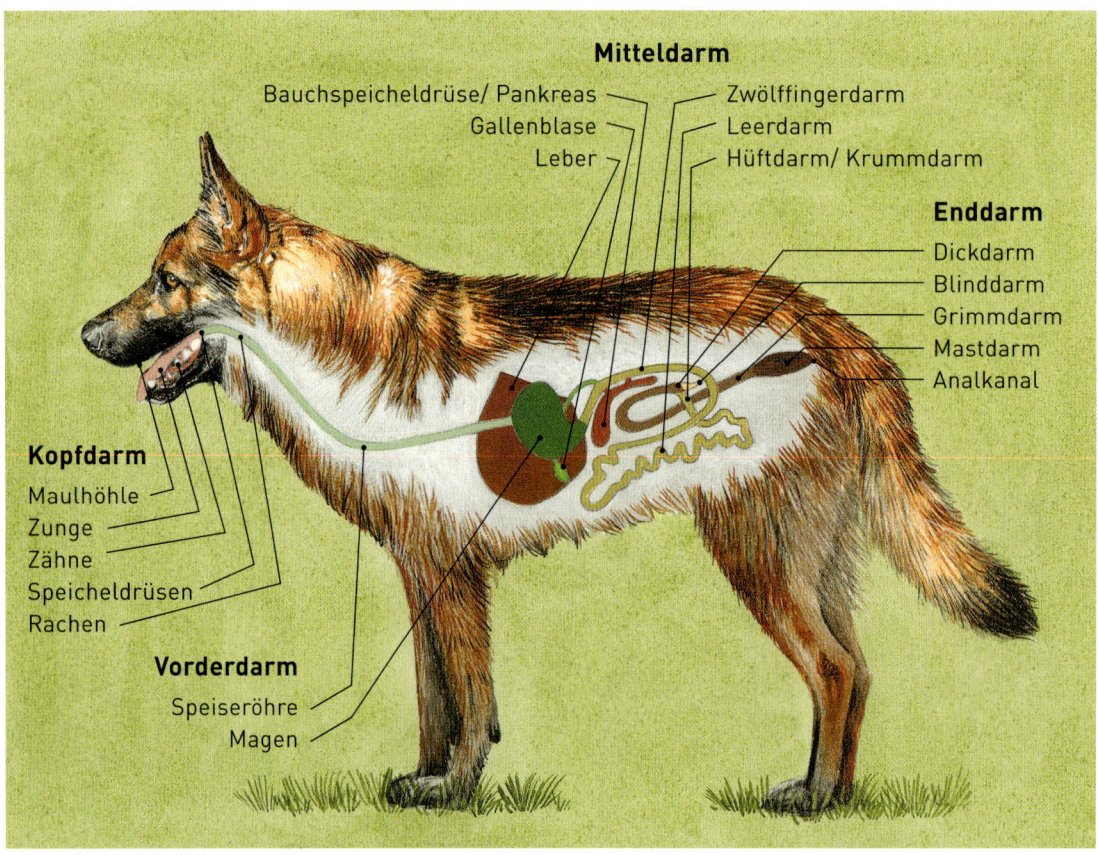

Mitteldarm

Bauchspeicheldrüse/ Pankreas
Gallenblase
Leber

Zwölffingerdarm
Leerdarm
Hüftdarm/ Krummdarm

Enddarm

Dickdarm
Blinddarm
Grimmdarm
Mastdarm
Analkanal

Kopfdarm

Maulhöhle
Zunge
Zähne
Speicheldrüsen
Rachen

Vorderdarm

Speiseröhre
Magen

Typisch Fleischfresser: Der Verdauungstrakt des Hundes mit den Verdauungsorganen.

se besser zu schlucken ist. Die Zunge ist ein stark durchbluteter Muskel und dient als Geschmacks- und Tastorgan.

Hunde haben ein Gebiss mit kräftigen Eckzähnen, um Beute zu reißen, und scharfkantigen Backenzähnen, um Knochen und Fleisch zu zerschneiden. Erwachsene Hunde besitzen normalerweise 42 Zähne, Welpen vor dem ersten Zahnwechsel 28 Milchzähne. In der Maulhöhle wird die Nahrung aufgenommen, grob zerkleinert und mit dem

Speichel, der zugleich eine keimtötende Wirkung hat, geschmeidig gemacht und dann hinuntergeschluckt. Dabei verschließt der Kehldeckel die Luftröhre. So können keine Nahrungspartikel in die Luftröhre gelangen.

DER VORDERDARM

Nach dem Schlucken gelangt die Nahrung vom Rachen in die Speiseröhre. Von ihr wird sie durch rhythmische Muskelkontraktionen zur weiteren Verdauung in den Magen transportiert. Er liegt geschützt zwischen der Speiseröhre und dem Zwölffingerdarm hinter den Rippen, abgedeckt vom Bauchfell, und ist, wie für Fleischfresser typisch, ein sehr dehnbares Organ. Deshalb können Hunde große Mengen Futter auf einmal aufnehmen. Im gefüllten Zustand kann der Magen ein Drittel des Bauchraums des Hundes ausfüllen.

Der Magen enthält die Magensäure und Enzyme. Die Magensäure eines Hundes, der wie bei der Rohfütterung mit proteinreicher Kost gefüttert wird, hat einen pH-Wert von etwa 1,5, ist also stark sauer. Somit ist der Hund gut in der Lage, Fleisch und Knochen zu verdauen. Zugleich tötet die starke Magensäure Krankheitserreger und Parasiten weitestgehend ab. Zum Schutz der Magenwände vor dieser starken Säure produzieren die Magendrüsen Schleim.

Durch die Kontraktionen des Magens werden Schleim, Säure sowie Enzyme immer wieder mit der Nahrung vermischt. Diese chemische und mechanische Vorbereitung dient der späteren Aufnahme der Nährstoffe im Darm. Der saure Mageninhalt schützt auch den nachfolgenden Darmbereich vor Mikroorganismen, da diese im sauren Milieu meist nicht überleben können.

Schließlich wird der Mageninhalt Richtung Magenausgang – dem Magenpförtner – weitergeleitet, und die Nahrung gelangt in den Zwölffingerdarm.

DER MITTELDARM

Im Darm beginnt die eigentliche Nährstoffaufnahme. Sogenannte Becherzellen produzieren Schleim, der als Gleitfilm für den Darminhalt wirkt und dadurch die Darmschleimhaut vor Eigenverdauung und Keimen schützt. Des Weiteren bilden endokrine Zellen Wirkstoffe, die die Darmmotorik und die weiteren Verdauungsvorgänge wie die Produktion von Enzymen, die Aufnahme von Nährstoffen und die Bildung und Abgabe von Galle beeinflussen.

Leber und Bauchspeicheldrüse

An der Verdauung beteiligt sind auch die großen Anhangsdrüsen des Darms, die Leber und die Bauchspeicheldrüse, die auch Pankreas genannt wird. Die Ausführungsgänge beider Organe münden gemeinsam in den Zwölffingerdarm.

Die Leber produziert Galle, die in der Gallenblase zwischengespeichert und bei Bedarf

---

in den Darm abgegeben wird. Die Galle enthält Gallensäuren. Diese bewirken, dass die im Nahrungsbrei enthaltenen Fette in Form kleinster Tröpfchen vorliegen. Erst dadurch können die Fette durch die Enzyme der Bauchspeicheldrüse effektiv aufgespalten werden. Außerdem enthält das Sekret der Bauchspeicheldrüse Enzyme sowie Vorstufen von Enzymen zur Kohlenhydratspaltung und zur Eiweißspaltung. Die Bauchspeicheldrüse produziert zudem Insulin und Glukagon und ist damit für die Steuerung des Blutzuckerspiegels verantwortlich.

DER ENDDARM

Zum Enddarm zählen Dickdarm, Blinddarm, Grimmdarm und Mastdarm sowie der Analkanal. Er übernimmt die wichtige Funktion, das restliche Wasser und wichtige Mineralstoffe aus dem Darminhalt zu entziehen. Verdauung im eigentlichen Sinne findet kaum noch statt. Lediglich fermentierbare Rohfasern werden von der Dickdarmflora verarbeitet. Dabei entstehen kurzkettige Fettsäuren, die den Zellen der Darmschleimhaut zur Regeneration dienen und zur Ausbildung einer gesunden Darmflora beitragen. Unverdauliche Rohfasern werden nur noch zum Ausscheiden vorbereitet.

Was das Hundehäufchen verrät

Die Ausscheidungen Ihres Hundes sind ein Indikator dafür, ob das Futter von guter Qualität ist und gut verdaut werden kann. Wenn Sie Ihren Hund nach dem BARF-Prinzip, also mit rohem Fleisch sowie rohem Obst und Gemüse füttern, werden Sie zweierlei feststellen. Zum einen ist die Menge des ausgeschiedenen Kots im Vergleich zur aufgenommenen Futtermenge sehr gering. Und zum anderen ist der Kot meist gut geformt und fest – ein Hinweis, dass das Futter gut verwertbar ist. Übrigens: Wenn Sie im Kot Ihres Hund Reste von unverdautem Gemüse entdecken, ist dies kein Anlass zur Sorge. Nimmt der Hund dagegen Nahrung auf, die einen hohen Anteil an Getreide enthält,

---

MYTHOS: GETREIDEVERDAUUNG

Fast in jedem Fertigfutter findet sich ein nicht zu knapper Anteil Getreide, obwohl der Hund diese stärkehaltige Zutat nur schlecht verwerten kann (→ Seite 16/17). Im Grunde ist die Fütterung von Getreide für Hunde unnatürlich. Wenn überhaupt, ist ein geringer Anteil an stärkehaltigem Futter nur bei sehr großen Hunden, laktierenden Hündinnen oder Sporthunden sinnvoll. Sie alle haben einen sehr hohen Energiebedarf, der durch Eiweiße allein schwer zu decken ist. In diesem Fall müssen Futtermittel wie Reis, Kartoffeln oder Nudeln aber unbedingt lange gekocht werden, damit der Hund sie gut verwerten kann.

So ein Knochen ist für den Hund ein dreifaches Plus: Er ist ein natürliches Kauvergnügen, pflegt die Zähne und versorgt den Hund mit Kalzium.

Normale Intimpflege oder Alarmsignal? Weicher Kot durch schlecht verwertbares Futter kann dazu führen, dass sich die Analbeutel entzünden.

braucht der Organismus deutlich länger, um die benötigten Nährstoffe aus dem Futter zu gewinnen. Die Ausscheidungen werden außerdem in Relation zur Futtermenge sehr groß sein – ein deutliches Zeichen für eine schlechte Verwertbarkeit des Futters.

Ein solches Futter kann neben weiteren Ursachen – z. B. Allergien – der Grund sein, dass viele Hunde Probleme mit der Analdrüse bzw. den Analbeuteln links und rechts vom After haben. Es sind sackförmige Hohlräume, deren Ausführungsgänge zwischen After und behaarter Haut münden. Ihr Inhalt besteht aus einem Sekret, zerfallenen Zellen und Duftstoffen, die der Markierung dienen und Artgenossen Informationen geben. Beim Kotabsatz drückt der Darminhalt das Sekret aus den Beuteln, und es wird mit dem

Kot ausgeschieden. Ist das Futter schlecht verdaulich, wird der Kot häufig nicht mehr fest genug. In der Folge drückt der Kot beim Ausscheiden nicht mehr auf die Analdrüse, und es kann zu einem Rückstau des Sekrets kommen, der eitrige Entzündungen und Schmerzen auslösen kann. Durch die Fütterung mit rohem Futter wird der Kot des Hundes unter anderem auch durch den Knochenanteil entsprechend hart und leert somit beim Ausscheiden die Analbeutel.

Manchmal ist das sogenannte »Schlittenfahren«, bei dem der Hund mit dem Hinterteil sitzend über den Boden rutscht, ein Zeichen für eine Fehlfunktion der Analdrüse. Ist dies der Fall, sollten Sie die verstopften Analbeutel durch einen Tierarzt oder Tierheilpraktiker entleeren lassen.

Muskulatur
Eiweiß

Magen-Darm-Trakt
Rohfaser
B-Vitamine

Blut
Natrium

Leber
Vitamin A
Vitamin D
Kupfer

Knochen
Kalzium
Phosphor
Magnesium
Zink
Kupfer

Für Wölfe ist ein Reh ein »Komplettmenü«. Beim Barfen baut man das Beutetier so gut wie möglich nach.

Das Prinzip Beutetier

Ein Wolf frisst überwiegend pflanzenfressende Beutetiere inklusive eines Teils der sich im Magen befindlichen vorverdauten Pflanzen. Übrig lässt er nur einige große Knochen. So bekommt der Wolf alles, was er braucht, um sich ausgewogen zu ernähren. Das funktioniert sogar dann, wenn er zeit seines Lebens fast immer nur ein und dieselbe Art von Beutetieren erlegt.

Doch wie können wir unseren Hunden eine ähnlich ausgewogene Ernährung zukommen lassen? Natürlich können und wollen die meisten Hundehalter heute keine kompletten Tiere verfüttern. Mit dem BARF-Prinzip ist es jedoch relativ einfach, ein Beutetier »nachzubauen«. Dazu stellen Sie, ähnlich wie bei einem Baukastensystem, die einzelnen Teile eines fiktiven Beutetiers zusammen: etwas Muskelfleisch, eine Portion Innereien wie Leber, Lunge oder Milz, Knochen und dazu etwas Gemüse und Öl – fertig ist das »Beutetier« mit all seinen wichtigen Elementen.

ABWECHSLUNG MUSS SEIN

Abwechslung, wie ich sie im Bezug auf das Futter unserer Hunde verstehe, bedeutet nicht, möglichst alle Tierarten, die zur Verfügung stehen, zu verfüttern, sondern sich eher auf zwei bis drei ausgewählte zu beschränken, die Ihr Hund gut verträgt und gern mag. Die Abwechslung im täglichen Speiseplan kommt daher, dass man möglichst verschiedene Teile des jeweiligen Tiers abwechselnd bei der Futterzubereitung verwendet. So schaffen Sie ausgewogene Mahlzeiten für Ihren Hund, die nie eintönig werden.

In den Napf können Tierarten wie Rind, Huhn, Lamm, Kaninchen, Wild, Fisch und viele mehr. Nur Schwein ist tabu, da für Hunde die Gefahr einer Infektion mit dem Aujeszky-Virus besteht (→ Seite 47). Welche Teile der Tiere Sie verwenden können und welche Vorteile sie jeweils haben, zeigt die Übersicht auf Seite 54/55. Weil das Fressen oder Verschlingen von Knochen mitunter eine große Herausforderung für Hunde darstellt, finden Sie alles, was Sie bei der Fütterung von Knochen beachten sollten, auf Seite 52.

Noch mehr Vielfalt kommt außerdem durch die verschiedenen Obst- und Gemüsearten sowie durch Kräuter in den Napf. Dazu gibt es manchmal Milchprodukte wie Joghurt oder Quark, die wertvolles Kalzium liefern. Ab und zu ein Ei sowie unterschiedliche Öle – wegen der wichtigen Fettsäuren – und ein paar wenige Nahrungsergänzungsmittel runden das BARF-Menü ab.

Pflanzenfressende Wildtiere wie zum Beispiel Hasen stehen an erster Stelle auf dem Speiseplan des Wolfs.

Ein Reh liefert Wölfen mehr als Fleisch. Innereien versorgen sie mit Vitaminen, der Mageninhalt mit vorverdauten Pflanzen.

NÄHRSTOFFBEDARF DES HUNDES

Eiweiße, Fette und Kohlenhydrate sind die Grundbausteine in der Ernährung. Dazu kommen lebenswichtige Vitamine sowie Mineralien. Alle haben bestimmte Aufgaben im Körper und sorgen dafür, dass Ihr Hund gesund bleibt und sich wohlfühlt.

Unter Nährstoffen versteht man Substanzen, die für alle erdenklichen Körperfunktionen notwendig sind. Nährstoffe versorgen den Hund unter anderem mit Energie. Ohne sie können Vorgänge wie Wachstum und Stoffwechsel nicht stattfinden. Wie viel Nährstoffe ein Hund braucht, hängt von unterschiedlichen Faktoren ab: Ein sehr aktiver Hund oder Junghunde im Wachstum verbrauchen mehr Energie und benötigen entsprechend mehr Nährstoffe, ebenso eine säugende Hündin. Ein ruhiger, wenig aktiver oder auch ein älterer Hund braucht entsprechend weniger. Nährstoffe werden in zwei Klassen unterteilt. Zum einen gibt es die essenziellen Nährstoffe, die der Körper nicht selbst herstellen kann und die unbedingt mit der Nahrung zugeführt werden müssen, zum anderen die nicht essenziellen, die der Körper selbst bilden kann. Sie müssen nicht gesondert über die Nahrung verabreicht werden. Zu den essenziellen Nährstoffen gehören einige Aminosäuren (Eiweißbausteine), einige Fettsäuren und auch Vitamine (→ Seite 28 und 31).

Ohne Wasser geht es nicht

Wasser gehört zwar nicht zu den Nährstoffen, es ist jedoch die Grundvoraussetzung für einen gesunden Stoffwechsel.
Wasser ist zwingend notwendig, um die Funktion der Zellen aufrechtzuerhalten, die Verdauung des Hundes zu regeln sowie Abbauprodukte und Schadstoffe über den Darm und die Blase auszuscheiden. Fehlt dem Körper des Hundes Wasser, können die Zellen ihre Funktionen nicht mehr wahrnehmen. Die Fähigkeit, Nährstoffe zu transportieren und Abfallprodukte zu beseitigen, geht verloren. Schon nach kurzer Zeit können Hunde irreparable Organschäden davontragen.
Wasser ist außerdem wichtig für die Regulierung der Körpertemperatur. Hunde haben keine Schweißdrüsen, sie können also nicht schwitzen und über den verdunstenden Schweiß die Körpertemperatur senken. Stattdessen hecheln sie. Durch diese schnelle Atmung verdunsten sie Wasser und kühlen auf diese Weise den Körper.

Frisches Wasser muss immer zur Verfügung stehen, auch wenn Rohfutter reichlich Wasser enthält.

WIE VIEL WASSER BRAUCHT MEIN HUND?

Der tägliche Bedarf an Wasser ist abhängig von Faktoren wie Alter, Aktivität und Jahreszeit, aber auch von der Art des Futters. Gibt man in erster Linie Trockenfutter, muss der Hund viel trinken. Feuchtfutter und frisches Rohfutter enthalten dagegen relativ viel Wasser, sodass der Hund verhältnismäßig wenig trinken wird. Generell können Sie davon aus-

gehen, dass Ihr Hund, wenn er nach dem BARF-Prinzip gefüttert wird, reichlich Wasser über die rohe Nahrung aufnimmt. Wenn es nötig ist, können Sie das Futter zusätzlich noch mit lauwarmem Wasser anreichern. Wenn Ihr Hund tatsächlich zu wenig trinkt, hilft es manchmal, einen ganz kleinen Schuss Milch – wenn Ihr Hund sie verträgt – ins Trinkwasser zu geben. Der Geschmack verlockt den Hund zum Trinken. Falls Sie dennoch befürchten, dass Ihr Hund zu wenig trinkt, kann Ihnen folgende Faustregel als Orientierung dienen: Pro Tag reicht normalerweise eine Menge von ca. 35–60 ml Wasser je Kilogramm Körpergewicht aus. Diese Menge stellt den Wasserbedarf inklusive der Wasseraufnahme über das Futter dar. Nach dieser Faustregel benötigt also ein 20 kg schwerer Hund pro Tag maximal 20 × 60 ml = 1,2 l, ein 5 kg schwerer Hund 5 × 60 ml = 0,3 l Wasser.

Beim gesunden Hund ist es nicht notwendig, die aufgenommene Wassermenge regelmäßig zu überprüfen. In der Regel trinken Hunde instinktiv genügend. Achten Sie aber darauf, Ihrem Hund immer einen Napf mit ausreichend frischem, sauberem Trinkwasser zur Verfügung zu stellen.

Denken Sie auch daran, dass das Trinkbedürfnis jahreszeitlichen Schwankungen unterliegt. Bei hohen Temperaturen und starker Aktivität benötigen die Tiere natürlich mehr Wasser als bei kühlem, feuchtem Wetter. Fällt Ihnen unter normalen Umständen jedoch auf, dass Ihr Hund ungewöhnlich viel trinkt und einen übermäßigen Urinabsatz hat, kann dies auf eine Stoffwechselerkrankung hindeuten. In diesem Fall sollten Sie zur medizinischen Abklärung einen Tierarzt aufsuchen.

Fette liefern nicht nur Energie

Im Körper des Hundes übernehmen die über die Nahrung aufgenommenen Fette eine wichtige Rolle. Achten Sie bei der Fleischauswahl deshalb unbedingt darauf, nicht nur mageres Fleisch zu verfüttern. Fleisch mit einem guten Fettanteil ist lebenswichtig für den Hund, vor allem auch deshalb, weil bei der BARF-Fütterung auf die für den Hund schwerer zu verdauenden Kohlenhydrate wie Weizen oder Mais verzichtet wird, die im Körper jedoch in Fette umgewandelt werden können.

Fette haben im Körper vor allem drei Funktionen. Zum Ersten sind sie äußerst kalorienhaltig und damit die Energielieferanten Nummer eins. Sie liefern etwa doppelt so viel Energie wie Eiweiße oder Kohlenhydrate. Zum Zweiten spielen Fette eine wichtige Rolle dabei, die fettlöslichen Vitamine A, E, D und K verfügbar zu machen. Ohne Fette ist der Körper nicht in der Lage, diese Vitamine aufzunehmen und zu verwerten. Und zum

Schmeckt und tut gut: Durchwachsenes Rindfleisch versorgt den Hund optimal mit hochwertigen Proteinen und mit Fett.

Dritten übernehmen Fette die Aufgabe, den Körper mit essenziellen Omega-3- und Omega-6-Fettsäuren zu versorgen, die der Organismus nicht selber bilden kann und die deshalb über die Nahrung zugeführt werden müssen. Sie sind maßgeblich am Aufbau der Zellen und Zellmembranen und an verschiedenen Stoffwechselvorgängen beteiligt. Omega-3-Fettsäuren wirken zudem an der Bildung entzündungshemmender Botenstoffe mit und nehmen damit positiven Einfluss auf akute und chronische Entzündungsprozesse. Neben dem natürlichen Fettanteil des Fleisches werden beim Barfen dem Futter oft noch verschiedene Öle zugegeben. Dabei handelt es sich meist um pflanzliche Öle, aber auch um tierische Öle, wie etwa Lachsöl (→ Seite 64/65).

Zu den essenziellen Omega-3-Fettsäuren zählen:

- Alpha-Linolensäure, enthalten z. B. in Lein-, Hanf- und Walnussöl
- Eicosapentaensäure (EPA)
- Eicosatetraensäure
- Docosahexaensäure (DHA)

Die letzten drei Fettsäuren sind alle in Fischölen wie Lachsöl und fettreichem Seefisch enthalten.

Zu den essenziellen Omega-6-Fettsäuren zählt:

- Linolsäure, enthalten z. B. in Traubenkern-, Distel- und Hanföl

Zu den bedingt essenziellen Omega-6-Fettsäuren zählen:

- Arachidonsäure, enthalten z. B. in Eigelb und Thunfisch
- Gamma-Linolensäure, enthalten z. B. in Borretsch-, Nachtkerzen- und Hanföl
- Dihomo-Gamma-Linolensäure, enthalten z. B. in Borretsch- und Nachtkerzenöl

Die bedingt essenziellen Fettsäuren kann der Körper des Hundes aus der Linolsäure bilden. Sie stehen dem Hund also zur Verfügung, wenn er ausreichend mit Linolsäure versorgt ist.

Da man bei der BARF-Fütterung verschiedene Fette und Öle abwechselnd dem Futter zugibt, ist in jedem Fall sichergestellt, dass Ihr Hund mit allen wichtigen Fettsäuren ausreichend versorgt wird.

MYTHOS: TAG FÜR TAG DAS GLEICHE

Häufig ist zu lesen, dass Hunde ein Futter brauchen, das ihnen täglich alle Nährstoffe wie Proteine, Fette, Kohlenhydrate sowie Vitamine, Mineralien und Spurenelemente in exakt der gleichen Menge und Zusammensetzung liefert. Doch den Bedingungen in der freien Natur entspricht das nicht: Es gibt kein frei lebendes Raubtier, das sich nach diesem Prinzip ernährt. Wichtig ist, dass Ihr Hund ein artgerechtes, abwechslungsreiches Futter bekommt, das ihn in einem Zeitraum von etwa einer Woche mit allen lebensnotwendigen Nährstoffen versorgt. Mithilfe von BARF ist dies ohne großen Aufwand möglich.

Hähnchen-, Puten- und Rindfleisch enthält hochwerti-ge Proteine und ist kalorienarm. Auch die Knochen darf der Hund knabbern – roh splittern sie nicht.

Fische und Milchprodukte schmecken nicht nur lecker, sondern versorgen den Hund mit wichtigen Fettsäuren. Ganz oben auf der Einkaufsliste stehen Lachs & Co.

Kohlenhydrate

Komplexe Kohlenhydrate wie Stärke beste-hen aus verschiedenen Zuckermolekülen. Ei-ner der bekanntesten Bausteine ist beispiels-weise Glukose. Kohlenhydrate sind in vielen Futtermitteln enthalten. Zur Erhaltung des Blutzuckerspiegels werden sie als Glykogen in der Leber gespeichert und liefern Energie in Form von Glukose an die Zellen. Ein ho-her Gehalt an Kohlenhydraten findet sich vor allem in Lebensmitteln wie Reis, Weizen, Mais, Hirse und Roggen sowie in zuckerhal-tigen Nahrungsmitteln wie in sehr süßem Obst. Kohlenhydrate dienen dem Körper zwar als Lieferanten für rasch benötigte Energie, sind für Hunde aber nicht optimal (→ Seite 16).

Eiweiße: Bausteine des Lebens

Eiweiße, auch Proteine genannt, sind die ele-mentaren Bausteine des Lebens und haben viele Schlüsselfunktionen. Sie sind die Bau-stoffe für Zellen und Gewebe, z. B. Muskelfa-sern, Organe und Blut. Aber auch Enzyme, verschiedene Hormone, wie etwa Insulin, und die Antikörper des Immunsystems sind aus Proteinen aufgebaut. Als einer der drei Hauptnährstoffe spielen Proteine – neben Kohlenhydraten und Fetten – außerdem eine wichtige Rolle als Energielieferant. Fleisch-fresser können aus Proteinen in erheblichem Umfang Glukose als Energieträger gewinnen Chemisch betrachtet bestehen Proteine aus langen Ketten von Aminosäuren. Einige

So viel Lebensfreude spricht dafür, dass es diesem Samojeden rundum gut geht.

Aminosäuren kann der Körper nicht selbst bilden, sie müssen über pflanzliche oder tierische Nahrung zugeführt werden.

Da Körperzellen ständig erneuert werden, ist eine regelmäßige Proteinzufuhr unbedingt notwendig. Dabei kommt es nicht nur auf die Menge, sondern auch auf die Qualität der Eiweiße an. Proteine mit hoher biologischer Wertigkeit sind reich an essenziellen Aminosäuren und können gut in körpereigene Proteine umgewandelt werden.

Bei der Fütterung nach dem BARF-Prinzip verwendet man grundsätzlich Proteine mit hoher biologischer Wertigkeit wie Fleisch, Fisch, Eier und Milchprodukte. Außerdem werden die Proteine nicht erhitzt, die Proteinstruktur bleibt also unverändert. Pflanzliche Lebensmittel wie Kartoffeln, Nudeln und Reis enthalten ebenfalls Proteine, wenn auch mit niedrigerer biologischer Wertigkeit.

Zu den für den Hund essenziellen Aminosäuren zählen:

- Arginin (bedingt essenziell), enthalten z. B. in Hühnerfleisch und Wildlachs
- Histidin, enthalten z. B. in Rindfleisch und Hühnerei
- Isoleucin, enthalten z. B. in Rind- und Hühnerfleisch
- Leucin, enthalten z. B. in Walnüssen und Rindfleisch
- Lysin, enthalten z. B. in Rind- und Hühnerfleisch
- Methionin, enthalten z. B. in Rindfleisch und Paranüssen
- Phenylalanin, enthalten z. B. in Kürbiskernen und Hähnchenfleisch
- Threonin, enthalten z. B. in Rind- und Hähnchenfleisch
- Tryptophan, enthalten z. B. in Lammfleisch und Cashewkernen
- Valin, enthalten z. B. in Rind- und Hühnerfleisch

Vitamine

Vitamine sind lebensnotwendige Nährstoffe. Sie liefern zwar keine Energie, sind aber für viele Stoffwechselprozesse sowie für gesundes Wachstum unentbehrlich. Dabei genügen meist winzige Mengen, um Enormes bei den verschiedenen Stoffwechselprozessen zu leisten (→ Seite 33).

Viele Vitamine müssen dem Körper des Hundes über die Nahrung zugeführt werden, da er sie gar nicht oder nicht in ausreichender Menge selbst bilden kann.

Man unterscheidet zwischen fett- und wasserlöslichen Vitaminen: Die fettlöslichen Vitamine A, D, E und K werden vom Körper gespeichert. Bei einer Überversorgung sammeln sie sich in der Leber an, und es kann zu gesundheitlichen Problemen kommen. Bei den wasserlöslichen Vitaminen des B-Komplexes und bei Vitamin C, die in der Regel bei einem Überschuss einfach mit dem Urin ausgeschieden werden, besteht die Gefahr der Überversorgung kaum.

Da Hunde in der Lage sind, Vitamin C selbst zu bilden, muss es nicht gesondert der Nahrung zugeführt werden. Bei Entzündungen und Gelenksproblemen kann jedoch eine Zugabe von natürlichem Vitamin C in Form von Hagebuttenschalenpulver sinnvoll sein. Vitamin C wirkt entzündungshemmend und stärkt das Immunsystem des Hundes. Vitamin C hat aber noch eine andere Funktion:

Ballaststoffe, Vitamine und obendrein Knabberspaß: Ein Apfel schmeckt sogar schon den ganz Kleinen.

Fit von der Schnauze bis zur Schwanzspitze: Aufmerksam erwartet dieser Vierbeiner das nächste Kommando.

Weil es – auch im Körper – antioxidativ wirkt, wird es Fertigfutterprodukten zugesetzt, um diese zu konservieren.

Mineralien

Die anorganischen Mineralien wie Kalzium, Magnesium oder Eisen sind wichtige Baustoffe im Körper und an der Regulierung vieler Stoffwechselprozesse beteiligt. Weil der Körper des Hundes Mineralien nicht selber herstellen kann, müssen sie regelmäßig über die Nahrung zugeführt werden, zumal sie z. B. über den Urin ausgeschieden werden.

Die Mineralien Kalzium und Phosphor übernehmen beim Aufbau von Knochen und Knorpeln wichtige Aufgaben. Natrium und Kalium sind unter anderem für die Regulierung des Wasserhaushalts zuständig. Magnesium und Eisen sorgen für eine geregelte Funktion von Muskeln und Nerven. Hormone und Enzyme bestehen zu einem Teil ebenfalls aus Mineralien. So ist zum Beispiel Jod ein wesentlicher Baustein der Schilddrüsenhormone.

Eine ausreichende Versorgung mit den wichtigsten Mineralien schützt außerdem vor vielen Krankheiten.

MENGEN- UND SPURENELEMENTE

Man unterscheidet bei Mineralien zwischen Mengenelementen wie z. B. Kalium, Magnesium und Kalzium, die in Mengen über 50 mg pro Kilogramm Körpergewicht im Organismus vorkommen, und Spurenelementen wie Jod, Selen oder Zink, die teilweise in nur winzigen Konzentrationen im Körper vorhanden sind. Bei der BARF-Fütterung ist es in den meisten Fällen nicht zwingend notwendig, Mineralien zuzugeben – soweit man Fleisch und andere Zutaten von guter Qualität verwendet. Eine Ausnahme ist die Zufütterung von Kalzium als Ersatz für die Knochenfütterung. Das kann zum Beispiel notwendig sein, wenn der Hund Knochen nicht gut verträgt.

Auch bei einigen Krankheiten wie etwa Krebs kann es sinnvoll sein, einige Mineralien oder Vitamine dem Futter extra zuzugeben. Informationen dazu finden Sie auf den Seiten 70–71.

VITAMINE & MINERALIEN

VITAMINE	ENTHALTEN IN	WICHTIG FÜR
A	Leber, Karotten, Spinat, Eigelb	Sehkraft, Haut, Knochenwachstum
D	Leber, Wildlachs, Ei	Kalzium-Phosphor-Stoffwechsel
E	Sonnenblumenöl, Distelöl	Muskeln, Herz
K	Löwenzahn, Feldsalat, Ei	Blutgerinnung, Knochenbildung
B1	Muskelfleisch, Leber	Zentrales Nervensystem
B2	Muskelfleisch, Milchprodukte, Ei	Augen, Haut, Schleimhäute
B3	Leber, Geflügel, Milchprodukte	Stoffwechsel
B5 (Pantothensäure)	Leber, Ei, Nüsse	Nötig zum Aufbau von Coenzym A (wichtig für den Energiestoffwechsel)
B6	Milchprodukte, Feldsalat, Leber	Proteinstoffwechsel
B9 (Folsäure)	Leber, Rote Bete, Blattgemüse	Blut, Aminosäurenstoffwechsel
B12	Leber, Nieren, Herz, Muskelfleisch	Kohlenhydrat- und Fettstoffwechsel
Cholin	Eigelb, Rinderleber	Zahlreiche Stoffwechselvorgänge
MINERALIEN	**ENTHALTEN IN**	**WICHTIG FÜR**
Kalzium	Knochen, Milchprodukte, Eierschalen	Knochen, Zähne
Phosphor	Kürbiskerne, Knochen, Leber	Knochen, Zähne
Kalium	Nüsse, Kokosnuss, Bananen	Wasserhaushalt, Nerven, Muskeln
Natrium	körniger Frischkäse, Salz	Wasserhaushalt, Nerven, Muskeln
Chlorid	Käse, Salz	Wasserhaushalt, Nerven, Muskeln
Magnesium	Bananen, Sonnenblumenkerne	Energiestoffwechsel, Muskeln
Eisen	Leber, Muskelfleisch, Nieren	Blut, Sauerstofftransport
Kupfer	Leber, Kürbiskerne, Nüsse	Blut, Bindegewebe, Haut, Knochen
Mangan	Haselnüsse, Petersilie	Knochen, Gehirn, Fortpflanzung
Zink	Muskelfleisch, Kürbiskerne, Eigelb	Stoffwechsel, Augen, Haut, Fell
Jod	Lebertran, Seelachs, Spinat, Algen	Hormone der Schilddrüse
Selen	Muskelfleisch, Eigelb, Rinderleber	Schutz der Zellwände

DIE VORTEILE VON BARF

Fit, agil, mit glänzendem Fell und rank und schlank: Durch BARF legen Sie den Grundstein dafür, dass Ihr Hund gesund bleibt und sich wohlfühlt. Und weil Sie aus einer breiten Palette von Fleisch, Gemüse und Obst wählen können, kommt am Futternapf nie Langeweile auf.

Die vielen Vorteile von BARF lassen sich in einem Punkt zusammenfassen: Durch Barfen werden Sie »Herr bzw. Herrin des Futternapfs«. Dort hinein kommt nur frisches, rohes Futter ohne chemische und künstliche Zusätze, keine Lock-, Duft-, Sucht- und Farbstoffe – Natur pur eben. Sie können auf spezielle Bedürfnisse, Vorlieben oder Abneigungen Ihres Hundes eingehen und den Napf ganz individuell befüllen.

Prinzipiell ist frisches, rohes Futter für Hunde jeden Alters sowie für jede Rasse geeignet. Für den gesunden Hund ist BARF in jedem Fall zu empfehlen. Aber auch wenn Ihr Hund an einer Stoffwechselerkrankung leidet, etwa an einer Fehlfunktion der Schilddrüse, an Diabetes oder an einer Störung im Harnsäurestoffwechsel können Sie Ihren Hund barfen (→ Seite 99). In einem solchen Fall müssen Sie lediglich bestimmte Futterbestandteile meiden, und Sie sollten unbedingt Rat und Hilfe eines Tierarztes, Tierheilpraktikers oder kompetenten Ernährungsberaters in Anspruch nehmen. Mit ihnen gemeinsam

können Sie einen Ernährungsplan entwickeln, der die Genesung Ihres Hunds beschleunigen und optimieren kann. Auch BARF-Shops bieten neben Futtermitteln oft eine individuelle Ernährungsberatung an und unterstützen Sie bei der Auswahl der geeigneten Futterkomponenten.

Fit durch frisches, rohes Futter

Eine chinesische Weisheit lautet: »Essen ist Medizin, die nicht bitter schmeckt.« Das gilt natürlich nur dann, wenn das Essen gesund ist. Frische, natürliche Nahrungsmittel schmecken und stärken obendrein das Immunsystem und den Organismus. Und was für den Menschen gilt, gilt in diesem Fall auch für den Hund.

Wenn Sie sich also entscheiden, Ihren Hund mit frischem, rohem Futter zu füttern, werden Sie schnell bemerken, dass eventuelle Beschwerden in vielen Fällen nach kurzer Zeit deutlich besser werden oder vielleicht

Wenn Knochen und Gelenke gut versorgt sind, kann sich der Hund ausgelassen und mit Schwung bewegen.

sogar ganz verschwinden. Ein an Arthrose erkrankter Hund hat in vielen Fällen nach kurzer Zeit weniger Beschwerden, und sein Gangbild verändert sich positiv. Auch auf verschiedene Futterkomponenten sensibel reagierende Hunde, die oft an Durchfall leiden, erfahren oft rasche Besserung. Insgesamt werden Sie festellen, dass Ihr Hund deutlich seltener erkrankt, und mit etwas Glück wird Ihr Hund auch im Alter noch vital und agil bleiben. Denn gebarfte Hunde haben ein gestärktes Immunsystem, sodass eindringende Krankheitserreger und Parasiten kaum eine Chance haben.

NATURBELASSENES HAT VORRANG

Wir alle wissen es: Frisches Obst und Gemüse nützen dem menschlichen Körper mehr als die besten Vitaminpräparate. Das Gleiche gilt auch für die Ernährung Ihres Hundes: Sein Organismus kann natürliche Lebensmittel besser aufnehmen und verwerten, denn naturbelassenes Futter hat eine höhere Bioverfügbarkeit. Bei vielen künstlich hergestellten Stoffen wie etwa Vitamin-Präparaten ist dagegen noch nicht genau erforscht, wie sie sich tatsächlich im Körper verhalten. Kaum ein Fertigfutter kommt aber ohne künstlich hergestellte Stoffe aus.
Die Ursache liegt darin, dass Fertigfutter während des Herstellungsprozesses erhitzt wird. Hohe Temperaturen zerstören jedoch natürliche Nahrungsbestandteile, daher werden diese später in chemisch hergestellter Form dem Futter wieder zugesetzt. Diese künstlichen Produkte haben jedoch nichts mehr mit der Natur gemeinsam. Ein gutes Beispiel sind die Vitamine der Gruppe K: Vitamin K1 ist ein natürliches pflanzliches Vitamin, das hauptsächlich in den Blättern von Grünpflanzen vorkommt. Es hat eine große Bedeutung für das Zellwachstum, den Knochenstoffwechsel und die Blutgerinnung. Vitamin K2 wiederum wird im Körper des Hundes mithilfe von Mikroorganismen der Darmflora gebildet und über die Darmzellen aufgenommen.
Bei der Futtermittelherstellung ist Vitamin K als Zusatz zugelassen und erlaubt. Da die Gewinnung des natürlichen Vitamins jedoch arbeits- und kostenintensiv ist, wird bei der Futtermittelproduktion völlig legal das syn-

thetisch hergestellte, preiswertere Vitamin K3 als Ersatz für Vitamin K1 und K2 genutzt. In der menschlichen Ernährung ist Vitamin K3, auch Menadion genannt, allerdings verboten, weil es unter anderem Leber und Nieren schädigen soll.

Positive Effekte

Durch Barfen legen Sie eine gute Grundlage dafür, dass Ihr Hund von der Schnauze bis zum Schwanz in Topform ist. Denn die Fütterung nach dem BARF-Prinzip hat viele

Vorteile, weil der Körper genau das bekommt, was er braucht.

Verwertbarkeit Rohes, frisches Futter ist besser verdaulich, und der Hund kann deutlich mehr Nährstoffe aus diesem Futter aufnehmen als bei konventionellen Fütterungsformen. Ein Beweis für eine bessere Verwertbarkeit ist die geringe Kotmenge, die der Hund ausscheidet.

Muskeln, Bänder, Sehnen und Gelenke Die Fütterung mit frischem, rohem Futter bietet alle für Muskeln, Bänder, Sehnen und Gelenke wichtigen Nährstoffe. Weil beim Barfen

Für die Sportler unter den Hunden können Sie die BARF-Ration ganz einfach an den erhöhten Energiebedarf anpassen.

zudem auf Getreide verzichtet wird, kommt es deutlich seltener zu Problemen mit dem Bewegungsapparat. Dagegen neigen Hunde, die ein Futter mit einem hohen Getreideanteil bekommen, nach meiner Erfahrung häufiger zu Erkrankungen der Gelenke.

Zähne und Zahnstein Die Fütterung von Knochen und natürlichen Kauartikeln sorgt für bessere Zähne und weniger Zahnstein, da durch das lange Benagen der Knochen die Zähne optimal gereinigt werden und sich weniger bis gar kein Zahnstein bildet.

Parasiten BARF kann helfen, Probleme mit Parasiten wie zum Beispiel Würmern zu vermindern. Die regelmäßige Zugabe von Kokosöl oder Kokosnussraspeln in das Futter wirkt prophylaktisch gegen Darmparasiten (→ Seite 66). Außerdem bietet ein starkes Immunsystem natürlichen Schutz gegen Parasiten, und sollte Ihr Hund doch einmal von solchen Schädlingen befallen werden, kann er diese wesentlich besser bekämpfen.

Gesundes Fell Die Rohfütterung sorgt für glänzendes Fell sowie weniger Haarausfall und eine gute Pigmentierung der Haut. Aufgrund der optimalen Versorgung mit Fettsäuren aus den verschiedenen hochwertigen Ölen bessert sich das Haarkleid, und eventueller Haarausfall geht deutlich zurück.

Hautbild Die BARF-Fütterung mindert, vor allem bei Hunden mit Allergien, Hautprobleme. Weil das qualitativ hochwertige Futter alle wichtigen Fettsäuren bietet, verbessert sich das Hautbild in kurzer Zeit.

Vitalität Frisches, rohes Futter sorgt für mehr Vitalität. Der Hund wird aktiver, ausgeglichener und zufriedener. Sehr »aufgedrehte« Hunde werden oft etwas gelassener. Dies hängt mit der veränderten Nährstoffaufnahme und der natürlichen Beschaffenheit der Nahrung zusammen. Ein hoher Getreideanteil im Fertigfutter liefert viele Kohlenhydrate. Diese wiederum liefern pure Energie, die verbraucht werden muss. Entweder wird der Hund überaktiv oder die Kohlenhydrate werden im Körper in Fett umgewandelt.

Gewicht Die BARF-Fütterung versorgt Ihren Hund mit allen wichtigen Nährstoffen, vermeidet aber unnötige Kalorien. Durch die gezielte Auswahl der verschiedenen Futter-

---

MYTHOS: ROHFÜTTERUNG MACHT AGGRESSIV

Auch heute noch gibt es den Mythos: »Rohes Fleisch macht Hunde scharf.« Diese Überzeugung stammt noch aus dem zweiten Weltkrieg, als man glaubte, Arbeitshunde durch das Verfüttern von rohem Fleisch »schärfer«, also aggressiver machen zu können. Nachweislich gibt es jedoch keine Beweise dafür, dass Hunde, die mit rohem Fleisch gefüttert werden, in irgendeiner Form ein aggressiveres Verhalten zeigen als Hunde die mit konventionellem Futter versorgt werden. Sie brauchen also nicht zu befürchten, dass Ihr Hund aggressiver wird, wenn Sie die Fütterung auf BARF umstellen.

Zu viel und falsches Futter, reichlich Leckerlis und wenig Bewegung lassen Hunde zu dick werden. Oft folgen Probleme mit dem Stoffwechsel und mit den Gelenken.

Übergewicht Adieu: Artgerechtes Futter in der richtigen Menge und Bewegung lassen die Pfunde purzeln. Wichtig: Lassen Sie Ihrem Hund Zeit beim Abnehmen!

komponenten wie zum Beispiel fettarmem Fleisch sind Sie in der Lage, das Gewicht Ihres Hundes besser zu regulieren.

Verhalten und Ernährung

Man mag es zunächst kaum glauben: Auch wenn Sie mit Ihrem Hund Probleme wegen seines Verhaltens bzw. bei der Erziehung haben, kann es sinnvoll sein, die Fütterung unter die Lupe zu nehmen. Nach der Erfahrung einiger Tierheilpraktiker und Kynologen kann die Ernährung das Verhalten des Hundes beeinflussen. Hunde, die Hunger, Juckreiz oder Magen-Darm-Beschwerden haben, sind unruhig, verhaltensauffällig, unkonzentriert, lernunwillig, unmotiviert und zum Teil auch deutlich aggressiver.

Eine Besonderheit in der Ernährung kann man sich bei ängstlichen, instabilen oder gestressten Hunden zunutze machen. Das Hormon Serotonin, auch Glücks- oder Wohlfühlhormon genannt, spielt bei diesen Hunden eine zentrale Rolle. Es kann nicht über die Nahrung aufgenommen werden, sondern wird im Gehirn aus der essenziellen Aminosäure Tryptophan gebildet. Füttert man einen solchen Hund mit einer Mahlzeit, die nur aus Fleisch besteht – bevorzugt Lamm, weil es den höchsten Tryptophangehalt hat – und gibt 3 Stunden später eine kleine Portion lang gekochte Kohlenhydrate (Kartoffeln, Reis), kann das Gehirn Tryptophan besser aufnehmen und in Serotonin umwandeln. In der Folge kann der Hund ruhiger und entspannter werden.

HÄUFIGE FRAGEN ZU DEN BARF-GRUNDLAGEN

Ist BARF-Futter nicht viel teurer als Fertigprodukte? Bekommt mein Hund wirklich, was er braucht? Das sind typische Fragen, wenn Sie zu barfen beginnen.

Wie hoch sind die Kosten der BARF-Fütterung? Ist die Ernährung mit frischem, rohem Futter nicht viel teurer?

André Seeger Verglichen mit einem mittel- bis hochpreisigen Fertigfutter ist Barfen nicht teurer. Die Kosten hängen auch davon ab, ob Sie die Mahlzeiten selbst zubereiten oder BARF-Produkte wählen, bei denen Gemüse bereits untergemischt wurde. Diese liegen preislich etwas höher. Auch spielt es eine Rolle, welches Fleisch Sie füttern. Lamm, Pferd oder Ente sind teuer als Rindfleisch. Wenn Sie die Mahlzeiten selbst zubereiten, liegen die Kosten – je nach Region – für einen mittelgroßen Hund (25 kg) bei etwa 1,50–2,50 € täglich.

Bekommt mein Hund beim Barfen wirklich alle Nährstoffe?

André Seeger Wenn Sie sich am Prinzip Beutetier orientieren, kann nichts schiefgehen (→ Seite 22). Angelehnt an das Vorbild Natur, können Sie sicher sein, dass Ihr Hund alles erhält, was er benötigt. Vielfalt durch Abwechslung ist das beste Mittel, um Mangelerscheinungen vorzubeugen.

Was ist, wenn ich einige Mahlzeiten nicht optimal zusammengestellt habe und meinem Hund vielleicht doch etwas fehlt?

André Seeger Die Natur hat Säugetiere so konzipiert, dass ein kurzzeitiger, vorübergehender Nährstoffmangel keine gesund-

Wenn Sie Fleisch am Stück für Ihren Hund kaufen, schneiden Sie es mit einem scharfen Küchenmesser in gulaschgroße Stücke.

heitlichen Störungen verursacht. Auch uns fehlt manchmal der eine oder andere Nährstoff. Wenn die Speicher wieder aufgefüllt sind, ist alles wieder in Ordnung.

Wie viel Zeit muss ich täglich für die BARF-Fütterung ungefähr aufwenden?

André Seeger Am Anfang brauchen Sie vielleicht noch etwas mehr Zeit, um eine BARF-Mahlzeit zuzubereiten. Wenn Sie etwas Routine haben, müssen Sie täglich nicht mehr als 5–10 Minuten investieren.

Braucht mein Hund täglich exakt die gleiche Menge Nahrung?

André Seeger Meiner Ansicht nach nicht. Wie beim Menschen kann das Nahrungsangebot den Lebensumständen angepasst werden. Wenn Sie mit Ihrem Hund sehr aktiv waren, darf es ein bisschen mehr sein. An faulen Tagen kommt etwas weniger in den Napf. Ein alter Hund braucht wegen seines langsameren Stoffwechsels eher weniger, ein junger etwas mehr. Wenn Sie Ihren Hund regelmäßig wiegen, können Sie gut feststellen, ob die Futterration passt.

Braucht mein Hund täglich exakt die gleiche Menge an Nährstoffen?

André Seeger Kein frei lebendes Säugetier nimmt seine Nährstoffe täglich in der gleichen Menge und Zusammensetzung zu sich. Deshalb schadet es dem Hund nicht, wenn er mal etwas mehr, mal etwas weniger Nährstoffe bekommt. Wichtig ist, dass

Lebensfreude pur: Erst eine Mahlzeit mit leckerem, gesunden Futter und sich dann noch im Gras wälzen – das ist ein perfekter Hundetag.

die Nährstoffbilanz über einen Zeitraum von etwa einer Woche ausgeglichen ist.

Kommt mein Hund wirklich ganz ohne Getreide aus?

André Seeger Aus meiner Sicht braucht kein Hund Getreide. Ein hoher Gehalt an Getreide bewirkt, dass das Futter für Hunde schlecht verdaulich ist. Dies ist vermutlich für die Entstehung diverser Krankheiten und Beschwerden verantwortlich.

SO FUNKTIONIERT
BARF
IN DER PRAXIS

Haben Sie alle Utensilien bereit? Dann müssen Sie Ihren Hund nur noch wiegen und seine Tagesration einmal berechnen. Mit dem Baukastenrezept sowie den Menüvorschlägen wird die Umstellung zum Kinderspiel.

EQUIPMENT UND KÜCHENHYGIENE

Beim Barfen kommt man ohne spezielle Ausrüstung aus: Neben gewöhnlichen Utensilien aus dem Haushalt ist nur ein Tiefkühlfach oder eine Gefriertruhe notwendig. Und Sie sollten wissen, was beim Umgang mit rohem Fleisch zu beachten ist, damit alles hygienisch zugeht.

Weil die Zubereitung von BARF-Mahlzeiten sehr einfach ist, brauchen Sie in der Regel so gut wie kein besonderes Equipment. Das meiste, was Sie benötigen, haben Sie sowieso schon im Haushalt. Unter Umständen brauchen Sie ein paar zusätzliche Kunststoffdosen, ein scharfes Messer, ein Extra-Schneidebrett oder Ähnliches, weil Sie die für Ihre eigenen Mahlzeiten bestimmten Küchenutensilien nicht zum Barfen benutzen wollen. Oder Sie finden im Schrank alte Gerätschaften, die Sie prima verwenden können.

Nützliches Zubehör spart Zeit

Beim Umgang mit rohem Fleisch und Innereien ist Hygiene oberstes Gebot. Am besten verwenden Sie nur Arbeitsgeräte und Materialien, die in der Spülmaschine gut zu reinigen sind. Besitzen Sie keine Spülmaschine, säubern Sie alle Geräte gründlich mit heißem Wasser und Spülmittel. Folgende Dinge helfen, hygienisch und zeitsparend zu arbeiten:

Gefriermöglichkeit Damit Sie nicht ständig frisches Fleisch kaufen müssen, sollten Sie eine Tiefkühltruhe nutzen. Wenn Sie schon ein Gefriergerät haben, können Sie ein Fach für die BARF-Vorräte frei räumen. Vielleicht reicht auch ein 3-Sterne-Tiefkühlfach. Das auf dem gefrorenen BARF-Fleisch angegebene Haltbarkeitsdatum bezieht sich auf eine Lagerung bei mindestens -18 °C – das muss Ihr Tiefkühlfach also leisten. Falls Sie keine Truhe haben und der Platz im Tiefkühlfach nicht reicht, sind Mini-Tiefkühler zu empfehlen. Sie sind mit guten Energieeffizienzwerten bereits für unter 100 € zu haben.

Aufbewahrung Zum hygienischen Aufbewahren von Fleisch oder BARF-Mahlzeiten benötigen Sie Kunststoffdosen oder -tüten in verschiedenen Größen.

Vakuumiergerät Vakuumiert lassen sich in Plastiktüten abgepackte Portionen platzsparend im Tiefkühler aufbewahren.

Messer Beim Zerteilen großer Fleischstücke sowie von Obst und Gemüse leistet ein scharfes Messer gute Dienste. Gut geeignet

Die Grundausstattung zum Barfen findet sich in jedem Haushalt. Wichtig: Alles muss sich gut reinigen lassen.

sind elektrische Messer. Mit diesen können Sie sogar gefrorenes Fleisch portionieren.

Geflügelschere Zum Zerteilen von kleineren weicheren Knochen, Hähnchenflügeln oder Knorpeln hat sich der Einsatz einer Geflügelschere als praktisch erwiesen.

Fleischwolf Er ist nützlich zum Zerkleinern von Knorpeln, aber auch um Fleisch zu wolfen. Das ist sinnvoll, wenn ein Hund anfangs rohes Fleisch nur zögernd annimmt oder ein alter Hund nicht mehr gut kauen kann.

Schneidebrett Erste Wahl sind Bretter aus Kunststoff oder Glas, da sie sich am besten im Geschirrspüler reinigen lassen. Holzbret-

ter sind eher ungeeignet, da sich in den Ritzen Bakterien festsetzen können.

Pürierstab, Küchenmaschine, Reibe Diese Hilfsmittel dienen zum Zerkleinern der pflanzlichen Zutaten.

Küchenwaage Eine Küchenwaage hilft am Anfang beim Abwiegen der Portionen. Später werden Sie die Waage kaum noch brauchen, da Sie mit der Zeit ein Gefühl für die Mengen bekommen.

Salmonellen und andere Erreger

Nach meiner Erfahrung leiden mit qualitativ hochwertigem rohem Futter versorgte Hunde nicht häufiger an einer Salmonellen-Infektion als konventionell gefütterte. Dennoch ist es möglich, dass auch bei gesunden Hunden Salmonellose verursachende Bakterien im Kot nachweisbar sind, ohne dass die Tiere selbst erkranken (→ Kasten rechts). Salmonellen sind ein ernstes Problem, weil sie auf den Menschen übertragen werden können. Die Erreger können zum Beispiel durch verschüttete Auftauflüssigkeit oder über den Speichel des Hundes auf den Menschen übertragen werden.

Ein paar einfache Maßnahmen helfen jedoch, das Risiko einer Infektion mit Salmonellen oder anderen Erregern klein zu halten:

◆ Achten Sie auf eine sorgfältige Handhygiene, und reinigen Sie Ihre Hände nach jedem Kontakt mit rohem Fleisch und Auftauflüssigkeit gründlich mit Seife und möglichst heißem Wasser.

◆ Lassen Sie es auf keinen Fall zu, dass Ihr Hund Ihnen oder Ihren Kindern Gesicht und Hände ableckt. So können Krankheitserreger oder Parasiten übertragen werden.

◆ Bei einer Temperatur von mindestens -18 °C sind Krankheitserreger inaktiv. Sobald Sie Fleisch jedoch auftauen, erwachen sie wieder zum Leben. Tauen Sie Fleisch besser bei niedriger Temperatur im Kühlschrank auf, um die Belastung durch Keime möglichst gering zu halten.

◆ Salmonellen werden meist durch Geflügelfleisch übertragen. Wenn Sie tiefgefrorenes BARF-Fleisch zum Portionieren auftauen, müssen Sie die Portionen schnell wieder einfrieren bzw. aufgetautes Fleisch sehr schnell verbrauchen.

◆ Mit Ausnahme von Geflügel können Sie aufgetautes Fleisch in einer Schüssel aus Plastik, Glas oder Ton bis zu zwei Tage im Kühlschrank aufbewahren, bevor Sie es verfüttern. Bitte verschließen Sie das Gefäß aber nicht luftdicht (→ Seite 49).

◆ Schwangere sollten beim Umgang mit rohem Fleisch besondere Vorsicht walten lassen. Es besteht die Gefahr, dass die Erreger der Toxoplasmose übertragen werden, die für das Ungeborene gefährlich sein können. Tragen Sie Handschuhe, oder überlassen Sie während der Schwangerschaft die Zubereitung des Futters Ihrem Partner.

◆ Kindern sollte man es nicht erlauben, beim Vorbereiten von rohem Fleisch zu helfen, solange sie die Hygienemaßnahmen noch nicht verstehen.

◆ Roher Fisch wie Lachs, Forelle, Renken oder Äschen sind häufig mit Bakterien der Gattung Rickettsia infiziert. Um Rickettsien und andere Parasiten abzutöten, sollte der Fisch bei -20 °C für sieben Tage oder bei -35 °C für mindestens 24 Stunden eingefroren werden. Alternativ kocht man diese Fischarten vor dem Verfüttern gut durch.

AUJESZKY-VIRUS (PSEUDOTOLLWUT)

Das für den Menschen ungefährliche, für Hunde aber tödliche Aujeszky-Virus kann durch das Verfüttern von rohem Schweinefleisch – auch von Wildschweinen – übertragen werden. Füttern Sie deshalb Ihrem Hund generell kein rohes Schweinefleisch.

MYTHOS: SALMONELLEN

Verschiedenen Studien zeigen, dass es nur sehr selten vorkommt, dass ein gesunder Hund an Salmonellen erkrankt. Der Grund ist, dass es keine speziell an den Hund angepassten Salmonellen-Arten gibt und Fleischfresser von Natur aus eine höhere Resistenz gegen diese Erreger haben. Außerdem ist der Verdauungstrakt des Hundes sehr kurz. Ein gesunder Hund scheidet Erreger aus, bevor sie Schaden anrichten. Ausnahmen sind unter Umständen kranke Hunde, deren Immunsystem stark eingeschränkt ist. In diesem Fall sollten Sie das Fleisch für Ihren Hund kochen, um eine Keimbelastung gering zu halten.

Lagerung und Verarbeitung von rohem Fleisch

Egal, ob Sie das Fleisch für Ihren Hund frisch oder tiefgefroren kaufen: Das Fleischstück oder die Packungsgröße wird so gut wie nie der täglichen Fleischration entsprechen, die Sie für Ihren Hund errechnet haben. Doch das ist kein Problem: Wenn es nicht zu viel ist, füttern Sie die restliche Menge einfach am nächsten Tag.

FRISCHES FLEISCH

Wenn Sie frisches, nicht tiefgefrorenes Fleisch verfüttern, brauchen Sie es nur in »maulgerechte« Stücke zu zerschneiden. Wie groß die einzelnen Stücke werden dürfen, hängt von der Größe und den Vorlieben Ihres Hundes ab.

PRAXISTIPP

Ist das für uns oder für den Hund? Wenn Fleisch, Gemüse und Obst portionsgerecht im Tiefkühler liegen, kann schon mal Verwirrung aufkommen. Wenn Sie kein Fach für Hundefutter reservieren können, sollten bunte Plastikdosen und farbige Verschlussclips am Gefrierbeutel signalisieren: Das ist für den Hund! Sprechen Sie mit den Familienmitgliedern ab, dass alles, was z. B. in roten Dosen ist oder einen roten Clip trägt, grundsätzlich Hundefutter ist.

TIEFGEFRORENES FLEISCH

Grundsätzlich ist es wichtig, tiefgefrorenes Fleisch immer bei geöffneter Verpackung auftauen zu lassen (→ Seite 49). Wenn Sie eine große Menge Fleisch gekauft haben oder einen kleinen Hund haben und nur sehr kleine Fleischportionen benötigen, können Sie das Fleisch auftauen, portionsgerecht zerteilen und schnell wieder einfrieren. Während für den menschlichen Verzehr vorgesehenes Fleisch nach den Auftauen grundsätzlich nicht mehr eingefroren werden darf, ist dies meiner Erfahrung nach bei für den Hund vorgesehenem Fleisch möglich – allerdings nur, wenn man sehr sorgfältig dabei vorgeht. Wichtig ist, dass Sie das Fleisch auch nach dem Auftauen kühl lagern. Dadurch wird verhindert, dass nach dem Kälteschlaf wieder aktiv werdende Bakterien sich zu stark vermehren. Tauen Sie das Fleisch außerdem immer so auf, dass es niemals im Auftauwasser liegt. Diese Flüssigkeit besteht aus Fleischsaft – ein idealer Nährboden für Mikroorganismen. Gießen Sie den Fleischsaft deshalb immer wieder ab. Wenn Sie dann innerhalb von maximal zwei Stunden das Fleisch zerteilen und wieder einfrieren, gibt es keine Probleme durch eine hohe Keimbelastung.

Sie können das Fleisch im Kühlschrank auch nur antauen, mit einem Messer zerteilen und portionsgerecht erneut einfrieren. Gehen Sie dabei aber sehr vorsichtig vor: Beim Schneiden von teils noch gefrorenem Fleisch rutscht man mit dem Messer leicht ab. Wenn Sie portionsgerecht abgepacktes Tiefkühlfleisch auftauen, legen Sie es am besten schon am Vorabend aus dem Eisfach oder

In Kunststoffdosen und Gefrierbeuteln lassen sich Fleisch, Knochen, Gemüse und Obst portionsgerecht einfrieren – jede Zutat für sich oder schon gemischt.

Wenn Sie frisches Fleisch einfrieren, zerteilen Sie es am besten zuvor in maulgerechte Stücke. Für ältere Hunde kann man das Fleisch durch den Fleischwolf drehen.

der Tiefkühltruhe in den Kühlschrank, dann ist es am nächsten Tag aufgetaut. Alternativ können Sie es bei Raumtemperatur auftauen und anschließend sofort verfüttern.

Haben Sie vergessen, Fleisch herauszulegen, können Sie es schnell auftauen, indem Sie es in einer verschlossenen Kunststoffdose in ein lauwarmes Wasserbad stellen.

AUFTAUEN UND LAGERN: IMMER UNTER LUFTZUFUHR

Öffnen Sie zum Auftauen die Verpackung und füllen das Fleisch in eine Schüssel um, die Sie z. B. lose mit einem Teller abdecken. Wenn Sie Kunststoffdosen mit Deckel verwenden, verschließen Sie diese bitte nicht komplett, sondern lassen sie leicht geöffnet,

damit etwas Sauerstoff an das Fleisch kommt. Wenn Sie diese Ratschläge beherzigen, können Sie das Fleisch – mit Ausnahme von Geflügel – nach dem Auftauen durchaus zwei bis drei Tage im Kühlschrank lagern und es ohne Probleme an Ihren Hund verfüttern. Fleisch darf niemals unter Luftabschluss aufgetaut und aufbewahrt werden, weil sich sonst anaerobe Bakterien wie *Clostridium botulinum* vermehren können. Sie scheiden Botulinustoxine aus, die bei Mensch und Tier schwere Vergiftungen auslösen. Ein Geruch wie nach faulen Eiern ist neben einer aufgeblähten Verpackung ein sicheres Zeichen, dass das Fleisch von Botulinus-Bakterien befallen ist. Es darf dann auf keinen Fall noch verfüttert werden. Beim geringsten Zweifel sollten Sie es unbedingt entsorgen.

DAS DARF IN DEN NAPF

Vom Rind über Huhn bis zu Fisch und Frischkäse: Fast alles, was das Hundeherz begehrt, darf in den Napf. Gemüse, Obst, Kräuter sowie Öle und Kalzium runden das Menü ab. Einkaufen können Sie im Supermarkt, beim Metzger, im BARF-Shop oder Internet – wie es für Sie am praktischsten ist.

Grundsätzlich können Sie alle Fleischarten, die für die menschlichen Ernährung zur Verfügung stehen, auch an den Hund verfüttern. Ich persönlich bevorzuge für meinen Hund Rind, Lamm und Geflügel aus artgerechter Haltung sowie ab und zu eine Lachsmahlzeit.

Fleisch & Co.

Wo Sie das Fleisch für Ihren Hund kaufen, bleibt Ihnen überlassen (→ Seite 56). Bedenken Sie aber: Fleisch ist nicht gleich Fleisch. Vor allem bei Geflügel sollten Sie möglichst Ware aus artgerechter Haltung wählen. Oft genug haben Hähnchenaufzucht und Geflügelfleisch negative Schlagzeilen gemacht. Am besten wählen Sie das Fleisch nach folgenden Punkten aus: Verträglichkeit, Verfügbarkeit, Herkunft (möglichst regional), Qualität und Vorlieben Ihres Hundes.
Ein Wort noch zum Verfüttern exotischer Tiere wie Springbock oder Känguru: Aus meiner Sicht macht dies aus ökologischen Gründen wenig Sinn und ist nicht nötig.

Welche Vor- und Nachteile die einzelnen Tierarten haben und welche Teile sich eignen, finden Sie in der Tabelle auf Seite 54/55.

TIEFGEKÜHLTES FLEISCH

Tiefgefroren sieht ein Fleisch aus wie das andere. Der Unterschied in der Qualität zeigt sich erst während des Auftauens:

- Je nach Qualität variiert die Menge des austretenden Fleischsaftes. Wenig blutiger Saft, feste Stücke und eine ansprechende Fleischfarbe deuten auf hohe Qualität hin.
- Trüber Fleischsaft zeigt eine hohe Belastung mit Mikroorganismen an. Selbst wenn solches Fleisch für Ihren Hund noch unbedenklich sein kann, für den Menschen ist es ein Risiko. Fleisch und Fleischsaft dürfen nicht in Kontakt mit anderen Lebensmitteln oder Küchengeräten kommen. Bereiten Sie eine BARF-Mahlzeit mit solchem Fleisch deshalb zeitlich getrennt von den menschlichen Mahlzeiten zu, und reinigen Sie Arbeitsflächen und -geräte gründlich.

Köstlich: Für viele Hunde ist ganzer frischer Pansen einfach das Höchste! Er liefert nicht nur Eiweiß, sondern auch Mikroorganismen, die gut für die Verdauung sind.

● Ist der Fleischsaft nicht nur trüb, sondern riecht unangenehm, zeigt dies eine sehr hohe Belastung mit Keimen an. Entsorgen Sie solches Fleisch unbedingt!

SPEZIALFÄLLE

Grüner Pansen und Blättermagen Für unsere Nasen haben diese ungewaschenen Mägen des Rinds einen sehr befremdlichen Geruch. Auch hier gilt: Die Stücke sollten nicht verdorben riechen und von trockener, fester Konsistenz sein. Sie enthalten einen Teil des natürlichen Mageninhalts mit den entsprechenden Mikroorganismen, die sich positiv auf die Verdauung des Hundes auswirken. Weißer, d. h. gewaschener Pansen und gewaschener Blättermagen sind nicht zu empfehlen. Ihnen fehlen der vorverdaute pflanzliche Mageninhalt und die wichtigen Mikroorganismen.

Schlundfleisch Verfüttern Sie Schlund- und Kehlfleisch nur sparsam, da das umliegende Gewebe noch Reste der Schilddrüse mit den entsprechenden Hormonen enthalten kann.

BLUT

Rinderblut enthält Vitamine, Mineralstoffe, Spurenelemente, Kohlenhydrate, Fette sowie Aminosäuren. Manche BARF-Shops bieten es in Würfeln gefroren an. Sie können die Mahlzeit Ihres Hundes ab und zu mit diesem Futtermittel ergänzen, nötig ist dies aber nicht. Schweineblut ist tabu (→ Seite 47)!

FETT

Bei erwachsenen Tieren sollten 8,5–15 % der Futterration aus Fett bestehen. Wenn Sie mageres Fleisch füttern, sollten Sie deshalb tierische Fette ergänzen. Auch bei Hunden, die wegen ihres starken Bewegungsdrangs oder Krankheit mehr Energie brauchen, empfiehlt sich die Zufütterung, ebenso bei trächtigen oder säugenden Hündinnen. Im Handel können Sie Rinder- und Hühnerfett sowie Gänseschmalz kaufen.

KNOCHENFÜTTERUNG

Knochen sind prima Kalziumlieferanten, ein Kauvergnügen für den Hund und halten die Zähne sauber. Allerdings bestehen bei der Knochenfütterung Risiken:

- Verfüttern Sie Knochen immer roh. Erhitzen verändert ihre Zellstruktur, und sie splittern sehr viel leichter.
- Verfüttern Sie nur Knochen mit Fleischanteil, oder geben Sie sie mit einer kleinen Portion Fleisch oder gleich nach der Mahlzeit. So sind eventuelle Splitter im Nahrungsbrei eingebettet und verletzen die Magenwände nicht.
- Hunde, die gern größere Stücke verschlingen, sollten besser keine Knochen bekommen. Splittert der Knochen, kann es zu Verletzungen im Mund- und Rachenraum oder in den Verdauungsorganen kommen.
- Ein spezielles Risiko bergen Markknochen: Während der Hund das Mark aus den Knochen leckt, kann dieser sich über den Unterkiefer schieben und hinter den Fangzähnen festsetzen. Die Zunge schwillt an, und Sie können den Knochen nicht entfernen. Es bleibt nur der schnelle Weg zum Tierarzt, der den Knochen aufsägt.
- Knochen sorgen unter anderem für eine gute Festigkeit des Kots. Fester Kot ist notwendig, um die Entleerung der Analbeutel zu gewährleisten (→ Seite 21). Die Verfütterung von zu viel Knochen kann jedoch zu massiven Verstopfungen führen.

Empfohlen wird eine tägliche Ration von 15 % fleischigen Knochen, doch nicht alle Hunde vertragen diese Menge gut. Wird der Kot sehr hell und trocken (»Knochenkot«), ist sie zu hoch. Besonders bei alten Hunden ist Vorsicht geboten. Hat Ihr Hund Durchfall, Verdauungs- oder Nierenprobleme, verzichten Sie auf die Knochenfütterung und mischen stattdessen ein Kalziumsupplement wie Kalziumcitrat in das Futter.

Wertvoller Fisch

Fisch liefert hochwertiges Eiweiß. Wählen Sie in erster Linie fettreiche Seefische, nur sie haben einen hohen Gehalt an den wichtigen Omega-3-Fettsäuren. Zudem versorgen sie den Hund mit Jod. Aus diesen Gründen sollten Sie Ihrem Hund einmal pro Woche Seefisch füttern. Verwenden Sie ihn am besten tiefgefroren, um eine Infektion mit Rickettsien zu vermeiden (→ Seite 47). Öfter sollten Sie Fisch nicht geben, da viele Fischarten Enzyme (Thiaminasen) enthalten, die das in der Nahrung enthaltene Vitamin B1 (Thiamin) spalten, was bei häufigem Verzehr zu Thiaminmangel führen kann. Dies gilt jedoch nur für rohen Fisch, beim Kochen werden die Enzyme zerstört.

Fettreicher Fisch liefert wichtige Omega-3-Fettsäuren und versorgt Ihren Hund mit Jod. Er ist ein besonderer Leckerbissen für viele Hunde.

FLEISCHKUNDE

TIERART	VERWENDETE FLEISCHTEILE	EIGENSCHAFTEN
Rind	**Fleisch:** Muskel-, Saum-, Kopf-, Maul-, Stichfleisch (Fleisch von der Einstichstelle zum Entbluten), Luftröhre, Kehlfleisch, Euter, Zunge **Innereien:** Pansen, Blättermagen, Lunge, Herz, Leber, Thymus (Bries), Milz, Nieren **Knochen/Knorpel:** Brustbeinspitzen, Brustbein, Schlund, Ochsenschwanz, Hohe Rippe, Kehlkopf, Kniegelenk, Rippen **Sonstiges (frisch oder Kauartikel):** Ohren und Hautstreifen mit Fell, Ziemer, Hoden, Hufe	Rindfleisch hat eine optimale Aminosäuren-Zusammensetzung und ist zu 98 % verdaulich. Alle Teile sind leicht zu bekommen und werden beim Barfen häufig verwendet. Pansen ist sozusagen ein Komplettgericht. Da er den pflanzlichen Anteil schon enthält, brauchen Sie ihn nicht mehr extra hinzuzufügen. Knochen vom Kalb sind weicher als die vom Rind und eignen sich damit gut für jüngere Hunde.
Schaf	**Fleisch:** Muskelfleisch, Luftröhre, Kehlfleisch, Euter, Zunge **Innereien:** Pansen, Lunge, Herz, Leber, Milz, Nieren **Knochen/Knorpel:** Brustbeinspitzen, Brustbein, Schlund, Kehlkopf, Kniegelenk, Rippen **Sonstiges (frisch oder Kauartikel):** Ohren und Haut mit Fell, Kopfhaut	Lammfleisch bietet die höchste Menge an Tryptophan (→ Seite 39). Der Fettgehalt schwankt zwischen 3,4 % (Lamm) und 37 % (Hammel).
Ziege	**Fleisch:** Muskelfleisch, Luftröhre, Kehlfleisch, Euter **Innereien:** Pansen, Lunge, Herz, Leber, Milz, Nieren **Knochen/Knorpel:** Brustbeinspitzen, Brustbein, Schlund, Kehlkopf, Kniegelenk, Rippen **Sonstiges (frisch oder Kauartikel):** Ohren und Hautstreifen mit Fell, Kopfhaut	Ziegenfleisch ist sehr bekömmlich und auch als Schonkost für empfindliche Hundemägen geeignet. Es ist fettarm, und reich an Aminosäuren, Vitaminen und Mineralstoffen. Aufgrund des niedrigen Fettgehalts ist es gut zur Gewichtsreduktion geeignet.
Pferd	**Fleisch:** Muskel-, Kopf-, Maulfleisch, Luftröhre, Kehlfleisch **Innereien:** Magen, Lunge, Herz, Leber, Milz, Nieren **Knochen/Knorpel:** – **Sonstiges (frisch oder Kauartikel):** Ohren und Haut mit Fell, Hufe	Pferdefleisch eignet sich besonders gut für eine Ausschlussdiät bei allergischen Hunden und, weil es ärmer an Fetten und Proteinen ist als Rind, gut zum Abnehmen. Da man meist nicht alle Komponenten bekommt, sollten Sie darauf achten, nicht nur Muskelfleisch zu füttern.

FLEISCHKUNDE

TIERART	VERWENDETE FLEISCHTEILE	EIGENSCHAFTEN
Reh, Hirsch	**Fleisch:** Muskelfleisch, Luftröhre **Innereien:** Herz, Leber, Lunge, Nieren, Milz **Knochen/ Knorpel:** Brustbeinspitzen, Brustbein, Schlund, Kehlkopf, Kniegelenk, Rippen **Sonstiges (frisch oder Kauartikel):** Ohren und Hautstreifen mit Fell, Kopfhaut	Wild ist reich an Vitaminen der B-Gruppe und hat einen hohen Gehalt an Eisen, Zink und Selen. Wildfleisch ist aufgrund seiner Struktur besonders fettarm und somit gut zur Gewichtsreduktion geeignet. Auch für allergische Hunde bzw. zur Durchführung einer Ausschlussdiät ist es eine gute Wahl.
Kaninchen	**Fleisch:** Muskelfleisch **Innereien:** Herz, Leber **Knochen/Knorpel:** Kaninchenköpfe, Rippen, Läufe, Ohren **Sonstiges**: Ganzes Tier	Das Besondere an Kaninchenfleisch ist sein geringer Fettgehalt. Es hat deshalb sehr wenig Kalorien. Kaninchenfleisch ist außerdem besonders leicht verdaulich. Es ist gut für eine Ausschlussdiät geeignet.
Huhn, Hähnchen, Pute, Ente	**Fleisch:** Brust-, Muskelfleisch, Schenkel **Innereien:** Herz, Mägen **Knochen/Knorpel:** Flügel, Hälse, Keulen, Rücken (Karkasse) **Sonstiges (frisch oder Kauartikel):** Ganzes Tier, Hühnerfüße	Das Fleisch der verschiedenen Geflügelarten hat je nach Art einen Eiweißanteil zwischen 18 und 24 %. Geflügelfleisch enthält hochwertige Eiweiße, Mineralien und Vitamine. Am besten greifen Sie auf Fleisch aus artgerechter Tierhaltung zurück. Wichtig: Füttern Sie möglichst Knochen mit Fleischanteil von jungem Geflügel. Knochen von altem Geflügel sind deutlich weniger elastisch und splittern leicht. Knochen sollten Sie unbedingt roh füttern, gekocht splittern sie leichter!
Seefische wie Wildlachs, Seelachs, Sprotten, Stinte, Makrele, Thunfisch	Ganzer Fisch Fischköpfe Filet	Seefisch und insbesondere Wildlachs versorgt Ihren Hund mit wichtigen Fettsäuren und Mineralstoffen. Außerdem ist Seefisch ein hervorragender Jodlieferant und reich an Eiweiß. Unterschieden wird bei Fischen zwischen sogenannten Magerfischen wie zum Beispiel Seelachs, Kabeljau oder Scholle und Fettfischen wie Wildlachs, Hering oder Heilbutt.

Muskelfleisch, verschiedene Innereien, Pansen – aus einer so reichen Palette lässt sich gut ein »Beutetier« bauen.

Was ist BARF-Fleisch?

Grundsätzlich unterscheidet sich das Fleisch zur Rohfütterung nicht von dem Fleisch, das für den menschlichen Verzehr angeboten wird. Doch beim Barfen wird meist preiswerteres Fleisch der sogenannten Kategorie 3 verwendet. Darunter versteht man – sehr vereinfacht gesagt – ganze Körper und Teile von geschlachteten Tieren, die genusstauglich sind und keine Anzeichen von übertragbaren Krankheiten haben, aber nicht unseren optischen Anforderungen entsprechen oder nach denen keine Nachfrage besteht.

Wo kauft man BARF-Fleisch am besten ein?

Es gibt verschiedene Möglichkeiten, Fleisch für die BARF-Fütterung zu kaufen. **BARF-Shop** Vielleicht gibt es in Ihrer näheren Umgebung schon einen BARF-Shop. Dort bekommen Sie nicht nur Futter, sondern im besten Fall auch hilfreiche Informationen. **Vorteile:** Der Shop bietet eine große Auswahl an verschiedenen Fleischteilen, die bereits entsprechend zerkleinert sind, eventuell gibt es auch Fleisch aus artgerechter Tierhaltung. Eine gute Auswahl an Kauartikeln, Nahrungsergänzungsmittel sowie individuelle Beratung runden das Angebot ab. Im BARF-Shop bekommen Sie auch Komplettmenüs, falls Sie sich das Barfen einfach machen möchten oder am Anfang noch unsicher sind. **Nachteil**: Es gibt nur festgelegte Portionsgrößen.

Internet Heute gibt es viele Anbieter von BARF-Produkten im Internet. **Vorteile:** Sie haben eine große Auswahl an verschiedenen Fleischteilen, die meist bereits entsprechend zerkleinert sind. Eventuell bekommen Sie Fleisch aus artgerechter Tierhaltung. Internetshops bieten auch Nahrungsergänzungsmittel, Kauartikel sowie Komplettmenüs. Praktisch: Sie können die Bestellung zu jeder Zeit aufgeben. **Nachteile:** Die Preise sind relativ hoch, und Sie müssen bei der Lieferung zu Hause sein. Verzögert sich die Zustellung, kann dies zu einem Qualitätsverlust führen. Und Sie haben – anders als im BARF-Shop – keinen direkten Ansprechpartner.

Metzger oder Bauer Beim Metzger Ihres Vertrauens oder bei Bauern in der näheren

Umgebung haben Sie oft die Möglichkeit, Fleisch für die Fütterung zu erwerben. Fragen Sie einfach nach. Viele Metzger und Bauern haben sich mittlerweile auf das Thema der Fütterung mit frischem, rohem Futter eingestellt und bieten auch BARF-Fleisch an. **Vorteile:** Sie haben eine große Auswahl an verschiedenen frischen Fleischteilen von guter Qualität und bekommen das Fleisch in der Menge, die Sie wünschen. Oft wird auch Fleisch vom regionalen Erzeuger, eventuell sogar aus artgerechter Tierhaltung angeboten. **Nachteile:** Der Preis ist etwas höher als beispielsweise im Supermarkt, und oft müssen Sie das Fleisch selber zerkleinern.

Supermarkt Aus meiner Sicht ist Fleisch aus der Kühltheke im Supermarkt nur bedingt geeignet. Es werden nur Fleischteile angeboten, die den optischen und geschmacklichen Vorlieben der Menschen entsprechen. Auch wenn diese Fleischteile gut sind, handelt es sich in der Regel überwiegend um Muskelfleisch. Die für den Hund so wichtigen Innereien stehen nur begrenzt zur Wahl. Eine ausschließliche Fütterung mit Fleisch aus dem Supermarkt ist deshalb nicht zu empfehlen, Sie können aber durchaus den Speiseplan Ihres Hundes mit solchem Fleisch ergänzen. **Vorteile:** Sie können genau die benötigte Menge an Fleisch kaufen. Weil Sie für den Familieneinkauf sowieso in den Supermarkt müssen, sparen Sie Wege und profitieren außerdem von den langen Öffnungszeiten. **Nachteile:** Der Preis ist relativ hoch, und Sie müssen das Fleisch zu Hause selber portionsgerecht zerteilen. Außerdem ist die Auswahl an für den Hund benötigten Fleischteilen geringer.

CHECKLISTE BARF-SHOP

THEMA	BITTE DARAUF ACHTEN
Sortiment	Gibt es eine reiche Auswahl an verschiedenen Fleischarten und -teilen, Nahrungsergänzungsmitteln und Kauartikeln? Gibt es Fleisch aus artgerechter Tierhaltung? Bietet der Shop auch Komplettmenüs?
Qualifiziertes Personal	Haben Sie das Gefühl, einen kompetenten Ansprechpartner zu haben? Haben sowohl der Betreiber als auch die Mitarbeiter eine Schulung zum Thema Tierernährung mit dem Schwerpunkt BARF durchlaufen? Fragen Sie ruhig nach!
Beratung	Nehmen sich die Mitarbeiter bei Ihrem ersten Besuch genügend Zeit, mit Ihnen ein passendes BARF-Konzept für Ihren Hund zu entwickeln?
Weitergehende Beratung	Werden Sie nach der Erstberatung weiterhin gut betreut?
Darf der Hund mit?	Dürfen Sie Ihren Hund mitbringen? Aus meiner Sicht ist dies eine Grundvoraussetzung, um einen Ernährungsplan erstellen zu können.
Waage	Gibt es eine Waage, um den Hund zu wiegen? Auch das ist nötig, um einen Ernährungsplan aufstellen zu können.
Netzwerk aus Fachleuten	Verfügt der Berater über ein gutes Netzwerk aus Fachleuten wie Tierärzten oder Tierheilpraktikern?
Reklamation	Geht man auf eventuelle Reklamationen ein? Haben Sie das Gefühl, als Kunde ernst genommen zu werden?

Getrocknete Obst- und Gemüseflocken sind eine gute Alternative zu frischer Ware.

Falls Ihr Hund noch gar kein pflanzliches Futter kennt, sollten Sie ihn nach und nach daran gewöhnen, sodass sich seine Verdauungsorgane auf die noch ungewohnte Kost einstellen können. Am besten nehmen Sie in der ersten Zeit alle zwei bis drei Tage eine neue Sorte Gemüse und Obst in den Speiseplan auf. Wenn Ihr Hund diese mag und gut verträgt, kommt das entsprechende Gemüse und Obst auf die »Liste« der pflanzlichen Komponenten. So können Sie die Auswahl nach und nach vergrößern und die einzelnen Obst- und Gemüsearten auch miteinander kombinieren. Im Optimalfall kommt eine gute Mischung aus Gemüse, Blattsalaten und Obst in den Napf. Meiner Meinung nach reichen dabei vier bis fünf verschiedene Gemüse- und Obstarten völlig aus. Sie dürfen Ihrem Hund aber gerne auch eine größere Auswahl anbieten. Im Allgemeinen wird empfohlen, die tägliche Ration der pflanzlichen Komponenten in 75 % Gemüse und 25 % Obst aufzuteilen. Aus meiner Erfahrung können Sie die Mischung aber auch nach Ihren Wünschen gestalten.

Obst und Gemüse

Pflanzliche Zutaten sind der zweite wichtige Baustein in der BARF-Ernährung. Sie sollten unbedingt täglich gefüttert werden, denn Gemüse und Obst ahmen sozusagen den Mageninhalt des Beutetiers nach. Hunde brauchen zum einen die in Pflanzen enthaltenen Ballaststoffe für eine geregelte Verdauung, zum anderen versorgen Obst und Gemüse den Hund mit wichtigen Vitaminen und sekundären Pflanzenstoffen, die maßgeblich daran beteiligt sind, dass der Hund dauerhaft gesund bleibt.

WICHTIG FÜR DEN KRANKEN HUND

Einige Obst- und Gemüsearten sowie Kräuter lassen sich aufgrund bestimmter Inhaltsstoffe unterstützend bei bestimmten Erkrankungen einsetzen. Lassen Sie sich in diesem Fall von einem Tierarzt, Ernährungsberater oder Tierheilpraktiker beraten.

Hunde, die an einer Giardien-Infektion (→ Seite 104/105) oder Tumorerkrankung (→ Seite 108/109) leiden, sollten nicht mit süßem Obst und möglichst kohlenhydratfrei gefüttert werden. Im Fall einer Tumorerkrankung »füttern« Sie sonst sozusagen den Tumor, und Giardien ernähren sich in erster Linie von Kohlenhydraten, also auch Zucker.

PFLANZEN VERWERTBAR MACHEN

Weil Hunden bestimmte Enzyme zur Spaltung der in den pflanzlichen Zellwänden enthaltenen Zellulose fehlen, können sie unzerkleinertes Gemüse und Obst nur schlecht verwerten. Sie sollten deshalb alle pflanzlichen Zutaten pürieren, raspeln oder auch

einmal kochen. So werden die Pflanzenzellen aufgebrochen, und der Hund kann Obst und Gemüse besser verwerten. Welche Methode Sie wählen, bleibt Ihnen überlassen. Nur Kartoffeln, Süßkartoffel, Kürbis und Kohl müssen Sie kochen, damit sie für Ihren Hund verdaulich sind. Kartoffeln müssen Sie anschließend außerdem schälen.

Natürlich können Sie Ihrem Hund weiterhin zwischendurch grob zerkleinertes Obst und Gemüse wie ein Stück Karotte oder Apfel geben. Nur spielen diese Snacks ernährungsphysiologisch kaum eine Rolle.

Gesundes Leckerli: Mit einer Möhre als Knabberspaß ist der Mops gut beschäftigt und bleibt in Form.

Salate versorgen Hunde mit Vitaminen, Mineralien und Faserstoffen. Falls das gesunde Grün anfangs nicht gut ankommt, mischt man es ganz fein püriert unter.

KLEINES GEMÜSE- UND OBST-ABC

Wie beim Fleisch plädiere ich bei den pflanzlichen Komponenten dafür, am besten Obst und Gemüse aus der Region und entsprechend der Jahreszeit zu verfüttern. So können Sie sicher sein, dass die Ware frisch ist und die Transportwege kurz sind.

Frische Ware Wenn es Ihnen keine Mühe macht, können Sie Gemüse und Obst täglich vorbereiten und frisch verfüttern. Besonders gut eignen sich – übrigens auch zum Einfrieren – sehr reife Produkte. Sie schmecken am besten, und obendrein können Sie sie oft reduziert im Supermarkt oder auf dem Markt kaufen. Vor allem samstags haben Sie die Möglichkeit, Obst und Gemüse günstig zu erstehen, da die Händler in der Regel nichts mit ins Wochenende nehmen möchten.

Tiefgefrorener Gemüse- und Obstmix Besonders einfach zu verwenden sind auch die in vielen BARF-Shops erhältlichen tiefgefrorenen Obst- und Gemüsemischungen. Sie werden einfach aufgetaut und in der entsprechenden Menge dem Futter beigemengt. Deutlich preiswerter ist es in der Regel, wenn Sie größere Mengen von frischem Obst und Gemüse selbst einfrieren. So sparen Sie die tägliche Putz- und Schneidearbeit und können dennoch selbst bestimmen, was genau in den Napf kommt. Dazu besorgen Sie sich die von Ihnen gewünschten Komponenten, zerkleinern Sie mit einer Küchenmaschine oder mit dem Pürierstab, und frieren Sie entsprechend portioniert ein. Versehen Sie die Portionsbeutel oder -dosen unbedingt mit dem Datum des Einfrierens. In der Regel sind Obst und Gemüse bei -18 °C acht bis zwölf Monate haltbar.

Wichtig Egal, ob Sie Gemüse und Obst frisch verwenden oder einfrieren: Waschen Sie es gründlich, und entfernen Sie, z. B. bei Bananen oder Melonen, die Schale. Auch größere Kerne wie bei Pfirsichen sollten Sie entfernen. Und eines ist tabu: Verfüttern Sie auf keinen Fall schimmelige oder verfaulte Ware.

Gemüse- und Obstflocken Eine weitere Möglichkeit, Ihren Hund mit pflanzlichen Komponenten zu versorgen, sind in gut sortierten BARF-Shops angebotene Gemüse- und Obstvariationen in getrockneter Form. Dazu wurden verschiedene Gemüse- und Obstarten in einem speziellen, schonenden Verfahren getrocknet und so haltbar gemacht. Zur Wahl stehen verschiedene Mischungen, beispiels-

weise Rüben-Mix, Mixflocken mit vielerlei
Gemüsearten, aber auch Flocken einer Ge-
müseart wie Karotten-, Spinat-, Kürbisflo-
cken etc. Diese Einzelkomponenten können
Sie nach Wunsch kombinieren. Trockenflo-
cken sind sehr einfach in der Handhabung.
Sie werden ca. 20 Minuten vor dem Verfüttern in warmem Wasser eingeweicht und anschließend dem Fleisch beigemengt. Für ca.
100 g »Feuchtmasse« weichen Sie 25 g Flocken in 75 ml Wasser ein.

Bitte beachten Sie, dass es bei Hunden mit
hellem Fell durch das Verfüttern von stark
farbigem Gemüse zu Verfärbungen des Fells
kommen kann. Dieser Effekt ist jedoch nur
kosmetischer Natur und hat keine gesundheitlichen Auswirkungen. Die Verfärbungen
kommen häufig bei roten Arten wie Rote
Bete oder bei orangefarbenen wie Karotten
vor. Eine Verfärbung durch grünes Chlorophyll ist mir nicht bekannt.

Bei der folgenden Beschreibung der einzelnen pflanzlichen Komponenten beschränke
ich mich auf geläufige und gut erhältliche Arten, die aufgrund besonderer Inhaltsstoffe zu
empfehlen sind und die in der Regel gut an-
genommen werden.

Blattgemüse und Salate

Blattgemüse und die meisten Salate haben
eine Besonderheit: Sie enthalten sehr viel
Chlorophyll. Dieser grüne Pflanzenfarbstoff
fördert den Transport von Nährstoffen in die
Zellen. Außerdem gleichen Blattgemüse und
Salate aufgrund ihres hohen Basengehalts
den Säuregehalt des Fleisches aus. Blattgemüse wird am besten mit einem Pürierstab zerkleinert und unter das Futter gemischt.
Geeignet sind Kopfsalate in allen Varianten
wie Lollo Rosso, Kraussalat oder Eisbergsalat,
Feldsalat, Chicorée, Löwenzahn, Rucola und
Blattgemüse wie Spinat und Mangold.

*Testen Sie, was Ihr Hund mag. Möhre, Fenchel, Pasti-
nake, Sellerie und Rote Bete lassen sich gut beim Barfen
einsetzen. Eins ist klar: Verdorbene Ware ist tabu!*

Wurzel- und Knollengemüse

Rüben und Knollen sind Speicherorgane und deshalb sehr reich an Vitaminen, Mineralstoffen und Spurenelementen wie Kalium, Kalzium, Phosphor, Natrium und Magnesium, weil der Wasseranteil von Wurzelgemüsen sehr viel niedriger als etwa der von Blattgemüse ist.

Zu den Wurzel- und Knollengemüsen, die Sie verfüttern können, zählen zum Beispiel Karotten, Rote Bete, Topinambur, Pastinake, Sellerie und Fenchel. Süßkartoffeln eignen sich auch, Sie müssen sie aber kochen.

Kürbisgewächse

Jede Art von Kürbis, die Sie verfüttern, muss vorgekocht werden. Hokkaidokürbis können Sie mit Schale verwenden, andere Kürbisarten müssen Sie schälen, da die Schale nicht genießbar ist. Halbieren Sie die Kürbisse, schaben Sie die Kerne mit einem Löffel heraus und legen Sie die Hälften mit der Schnittfläche nach oben 20–30 Minuten bei 120–150 °C in den Backofen. So wird der harte Kürbis vorgegart, und Sie können ihn leichter weiterverarbeiten. Im Anschluss kochen Sie den Kürbis in einem Topf mit Wasser, bis er weich ist. Geeignet sind alle Speisekürbisarten, aber auch Gurken und Zucchini. Letztere muss man nicht kochen.

Kohl: Wirsing & Co.

Auch alle Kohlarten müssen generell gekocht werden. Trotzdem führen sie auch dann bei manchen Hunden zu Blähungen. Wenn Sie Kohl verfüttern möchten, probieren Sie aus, ob Ihr Hund ihn gut verträgt. Beginnen Sie mit einer kleinen Menge, und steigern Sie

diese langsam. Geeignet sind Blumenkohl, Brokkoli, Wirsing und Grünkohl. Bei empfindlichen Hunden verzichten Sie auf Kohl.

PRAXISTIPP

Hat Ihr Hund einen empfindlichen Magen? Dann sollten Sie nur wenig oder gar kein saures Obst verfüttern. Säurehaltige Lebensmittel regen die Bildung von Magensäure an und führen eventuell zu Sodbrennen. Verzichten Sie deshalb besser auf Orangen, Kiwis und Ananas.

GEEIGNETE OBSTARTEN

Manche Hunde vertragen kein saures Obst (→ Praxistipp), andere bekommen Darmprobleme, wenn sie z. B. Pflaumen fressen. Folgendes Obst wird meist gut vertragen:

Äpfel enthalten Pektin, das darmreinigend wirkt, weil es Giftstoffe bindet. Weitere Inhaltsstoffe hemmen Bakterien. Die Kerne sollte man entfernen (Blausäure!).

Aprikosen sind reich an Vitamin C, das enthaltene Carotin fördert das Immunsystem. Den Kern bitte unbedingt entfernen!

Bananen wirken beruhigend auf Magen und Darm und enthalten viel Kalium.

Beeren Brombeeren, Erdbeeren und Johannisbeeren stärken das Immunsystem.

Birnen reinigen den Darm und entgiften. Kerne entfernen!

Pfirsiche enthalten viel Carotin und stärken das Immunsystem. Kern entfernen!

Melonen fördern die Eiweißbildung und stärken das Immunsystem.
Mango regt den Stoffwechsel an und wirkt beruhigend auf die Nerven.
Papaya ist reich an Enzymen und reguliert die Verdauung. Sie hilft deshalb bei der Futterumstellung.

Kräuter

Kräuter sind reich an Vitaminen, Mineralien und sekundären Pflanzenstoffen, die das Immunsystem stärken und den Stoffwechsel anregen. Viele Kräuter haben aber auch eine ganz spezielle heilende Wirkung und sollten nur in Maßen, unter Anleitung und nicht über einen längeren Zeitraum gefüttert werden, da sie auch Inhaltsstoffe besitzen, die im Übermaß schädlich sein können. Außerdem gewöhnt sich der Körper an regelmäßige Gaben eines Krauts. Im Bedarfsfall kann es dann nicht mehr therapeutisch angewandt werden. Fragen Sie deshalb immer einen kräuterkundigen Tierheilpraktiker oder Ernährungsberater für Hunde um Rat. Küchenkräuter wie Dill, Petersilie, Minze, Salbei oder Oregano können Sie dem Futter ab und zu in geringen Mengen zugeben. Auch Kräuter sollten vor dem Verfüttern zerkleinert werden, am besten mit dem Pürierstab. Sie können Kräuter selbst im Garten anbauen oder in der Natur sammeln – aber bitte nicht an stark befahrenen Straßen. Kräuter lassen sich gut einfrieren oder schonend trocknen und dann bei Bedarf verwenden. Alternativ gibt es die meisten Kräuter in getrockneter Form im BARF-Shop, im Reformhaus oder in der Apotheke.

Küchenkräuter dürfen in kleinen Mengen gelegentlich in den Napf. Heilkräuter sollten Sie nur nach Beratung geben.

Frisches Obst schmeckt fast jedem Hund – vom einfachen Apfel über Erdbeeren bis zu Pfirsich und Melone.

Hochwertige Öle, wie Sie sie auch in Ihrer Küche verwenden, versorgen den Hund mit wichtigen Fettsäuren.

Kartoffeln, Nudeln und Reis

Kartoffeln, Reis und letztlich auch Nudeln sind pflanzliche Zutaten, die in erster Linie Kohlenhydrate in Form von Stärke liefern. Hunde können Stärke zwar bedingt verwerten, dennoch empfehle ich, diese Nahrungsmittel nicht in großen Mengen zu verfüttern. Wenn Ihr Hund nicht allergisch ist, dürfen Sie aber ab und zu eine kleine Portion Kartoffeln, Nudeln oder Reis ins Futter mischen. Je länger diese Nahrungsmittel gekocht sind, umso besser kann sie der Hund verdauen. Die Verdauung größerer Mengen ist für die

Bauchspeicheldrüse des Hundes jedoch eine große Herausforderung. Vermutlich kann die regelmäßige Fütterung langfristig sogar zu Schäden der Bauchspeicheldrüse führen.

Öle und Fette

Öle pflanzlicher und tierischer Herkunft liefern zum einen Energie, vor allem aber wichtige essenzielle Fettsäuren. Sie sorgen zudem dafür, dass der Körper des Hundes fettlösliche Vitamine aufnehmen kann und sind unter anderem für eine gesunde Haut, gesundes Fell und einen gut funktionierenden Stoffwechsel verantwortlich.

Verwenden Sie am besten nur kalt gepresste pflanzliche Öle, da diese den höchsten Gehalt an Fettsäuren und Vitaminen haben. Es reicht völlig, wenn Sie dem Futter zwei bis drei verschiedene Öle im Wechsel zugeben. Da der Hund bei der Rohfütterung durch das fetthaltige Fleisch meist ausreichend Omega-6-Fettsäuren bekommt, dient der Zusatz von pflanzlichen und tierischen Ölen vor allem der Versorgung mit essenziellen Omega-3-Fettsäuren. Die aus meiner Sicht dabei wichtigsten Öle sind Leinöl und Hanföl sowie Walnussöl. Sie alle haben einen hohen Gehalt an der für den Hund essenziellen Alpha-Linolensäure. Fischöle, vor allem Lachsöl, liefern die wichtigen Fettsäuren EPA und DHA (→ Seite 28). Nachtkerzen- und Borretschöl enthalten vor allem Gamma-Linolensäure, die wichtig für die Haut und das Fell ist. Pflanzliche Öle wie Weizenkeimöl sowie Distelöl und Sonnenblumenöl enthalten zudem das wichtige Vitamin E, das im Körper als Antioxidans wirkt.

Für kleine Hunde bis 10 kg Gewicht empfehle ich 1 TL Öl pro Tag, für größere Hunde ab 20 kg 1 EL pro Tag.

LEBERTRAN

Lebertran wird aus der Leber verschiedener Fische hergestellt und hat einen sehr hohen Gehalt an Omega-3-Fettsäuren und den fettlöslichen Vitaminen A und D. Er enthält zudem Jod, Phosphor und Vitamin E. Vorsicht: Wegen seines hohen Gehalts an Vitamin A und D darf er nur in Maßen gefüttert werden, da eine Überdosierung schädlich sein kann. Geben Sie maximal einmal pro Woche 1 TL pro 10 kg Körpergewicht. Nicht verabreichen, wenn Sie gleichzeitig Leber füttern!

Samen, Kerne und Nüsse

Nüsse und Co. sind wahre Multitalente im Hinblick auf Nährstoffe, Vitamine, Mineralien, ungesättigte Fettsäuren und Ballaststoffe und finden beim Barfen deshalb gern Verwendung. Grundsätzlich sollten sie gemahlen werden, um die Inhaltsstoffe für den Hund verwertbar zu machen. Dazu können Sie eine Reibe oder Küchenmaschine benutzen. Folgende Nüsse, Samen und Kerne sind für Hunde geeignet:

Walnüsse sind gut für das Herz, weil sie große Mengen der wichtigen Omega-3-Fettsäure Alpha-Linolensäure und der essenziellen Aminosäure Leucin enthalten. Allerdings sind sie auch sehr fettreich und sollten bei übergewichtigen Hunden sparsam eingesetzt werden. Wenn Sie einen Walnussbaum im Garten haben, sollten Sie unbedingt darauf

═══ ÖLE UND FETTE ═══

ÖL	INHALTSSTOFFE
Borretsch- und Nachtkerzenöl	Hoher Gehalt an Gamma-Linolensäure, wichtig für den Haut- und Fellstoffwechsel. Beide Öle enthalten Omega-6-Fettsäuren und sollten nur ergänzend ein- bis zweimal pro Woche verabreicht werden.
Hanföl, Leinöl, Rapsöl, Walnussöl	Hoher Gehalt an Alpha-Linolensäure (Omega-3-Fettsäure), entzündungshemmend
Weizenkeimöl, Distelöl, Sonnenblumenöl	Reich an Vitamin E (Antioxidans)
Olivenöl	Bedingt zu empfehlen, da es kaum mehrfach ungesättigte Fettsäuren enthält
Lachsöl	Hoher Gehalt an essenziellen Omega-3-Fettsäuren EPA und DHA, wichtig für den gesamten Stoffwechsel. Es sollte zwei- bis dreimal in der Woche verabreicht werden.
Lebertran	Hoher Gehalt an Omega-3-Fettsäuren, reich an den Vitaminen A und D

achten, dass Ihr Hund keine unreifen Nüsse mit den grünen Fruchtschalen aufnimmt. Sie könnten giftige Pilze beherbergen.

Haselnüsse enthalten wichtige Mineralstoffe wie Kalzium, Phosphor und Eisen sowie wertvolle sekundäre Pflanzenstoffe.

Cashewkerne sind eine gute Mineralienquelle. Besonders Magnesium, das unter anderem

Ein hart gekochtes Ei – auch mit Schale – ist ein herrlicher kleiner Snack für zwischendurch.

für die Energiegewinnung sowie die Muskelkontraktion von Bedeutung ist, kommt in Cashewkernen in größeren Mengen vor.

Erdnüsse enthalten reichlich Eiweiß, Linolsäure und die Aminosäure Tryptophan.

Paranüsse haben wie Walnüsse einen recht hohen Fettgehalt und sollten deshalb nur in Maßen gefüttert werden. Sie sind besonders reich an Selen, das unter anderem für die Aktivierung und Deaktivierung der Schilddrüsenhormone wichtig ist. Außerdem enthalten sie Phosphor, Magnesium und Kalzium.

Süße Mandeln enthalten neben Folsäure einen großen Teil wichtiger essenzieller Fettsäuren. Bittermandeln dürfen nicht verfüttert werden, sie enthalten viel giftige Blausäure.

Kokosnüsse verfüttern Sie am besten geraspelt oder als Kokosfett. Wichtigster Inhaltsstoff ist die Laurinsäure. Von den Raspeln reicht 1 El pro 10 kg Körpergewicht, vom Kokosfett geben Sie ½–1 TL, je nach Größe des Hundes, ein- bis zweimal pro Woche. Innerlich beugt Kokosnuss dem Wurmbefall vor. Äußerlich angewendet kann Kokosfett außerdem Schädlinge wie Zecken und Flöhe fernhalten. Dazu zerreiben Sie je nach Größe des Hundes eine etwa haselnussgroße Menge in den Händen und verteilen das Fett auf dem Fell. Wissenschaftlich ist die Wirksamkeit nicht bestätigt, doch berichten mir viele Hundehalter von dem erfolgreichen Einsatz.

Kürbiskerne enthalten viel Vitamin E, Selen und reichlich Linolsäure.

Pinienkerne haben einen hohen Gehalt an Selen, Vitamin A, Phosphor und viele ungesättigte Fettsäuren. Der Kaloriengehalt ist allerdings ebenfalls hoch, sodass sie nur in Maßen gefüttert werden sollten.

Sonnenblumenkerne sind Spitzenreiter, was ihren Gehalt an Folsäure und Eiweiß angeht. Außerdem enthalten sie nennenswerte Mengen Magnesium, Phosphor, Vitamin E und reichlich ungesättigte Fettsäuren.

Chiasamen sind mit ihrem Gehalt an Antioxidantien, Kalzium, Kalium, Eisen, Omega-3- und Omega-6-Fettsäuren eine echte Bereicherung für den Speiseplan Ihres Hundes. Je nach Größe des Hundes weichen Sie ½–1 TL in ca. 100 ml Wasser ein. In Kürze entsteht ein klares Gel, das Sie hervorragend unter das Futter mischen können oder Sie sreuen eine Prise Samen über das Futter.

Eier: ab und zu erlaubt

Auch Eier dürfen Sie ab und zu füttern. Sie enthalten hochwertiges Eiweiß, Fett, Fettsäuren sowie Vitamine und Mineralien. Die Schale liefert Kalzium, allerdings muss man sie fein mahlen, damit das Kalzium vom Körper aufgenommen werden kann. Weil rohes Eiklar eine Substanz enthält, die die Eiweißverdauung hemmt, sowie Avidin, das das im Eigelb enthaltene Vitamin Biotin bindet, sollten Sie entweder nur das rohe Eigelb verfüttern oder das komplette Ei gekocht anbieten.

Pro Woche darf man ein bis drei Eier geben, einem mittelgroßen Hund z. B. zwei.

Milchprodukte

Milchprodukte stehen nicht auf dem Speiseplan des Wolfs. Wie bei anderen Säugetierarten dient Milch lediglich der Aufzucht der Jungtiere. Dennoch mögen viele Hunde Milchprodukte und können auch beim Barfen gern Bestandteil der Fütterung sein. Einige Hunde reagieren auf die in der Milch enthaltenen Laktose (Milchzucker) jedoch

Verschiedene Nüsse – fein gemahlen übers Futter gestreut –, Joghurt, Quark und Käsewürfel sind leckere Extras.

Ein paar Dinge dürfen auf keinen Fall in den Napf –manches, was für uns unbedenklich ist, schadet dem Hund.

mit Durchfall. Testen Sie deshalb vorsichtig, ob Ihr Hund Milch und Milchprodukte verträgt. Wenn nicht, verzichten Sie darauf. Neben der Tatsache, dass viele Hunde gern Joghurt, Quark, körnigen Frischkäse oder ein Stück Schnittkäse naschen, liefern Sauermilchprodukte wie Joghurt Kalzium sowie Kalium und Magnesium. Außerdem enthalten Sauermilchprodukte die Vitamine A und D. Quark und Butter sind aufgrund des hohen Fettgehalts gut für Hunde, die etwas zunehmen sollen. Körniger Frischkäse ist dagegen für alle Hunde gut geeignet, da er wenig Laktose und Fett enthält.

Als Faustregel gilt, dass Milchprodukte bei erwachsenen Hunden maximal bis zu 5 % der Tagesration ausmachen dürfen, bei Welpen maximal 10 %. Geeignet sind Buttermilch, Dickmilch, Naturjoghurt, körniger Frischkäse, Kefir, Sahne, saure Sahne sowie Schnittkäse wie Gouda oder Emmentaler. Vorsicht: Ist Ihr Hund allergisch gegen Rindfleisch, verträgt er meist auch Kuhmilchprodukte nicht. Weichen Sie dann auf Produkte von Ziege oder Schaf aus.

Belohnungen

Auch beim Barfen dürfen Leckerlis nicht fehlen. BARF-Shops und Internetversender bieten Snacks aus getrockneten Fleischteilen wie Pansen, Lunge, Leber, Ziemer (getrockneter Bullenpenis), Ohren sowie Hähnchen- und Entenhälsen. Bei übergewichtigen Hunden müssen Sie die Leckerlis von der Futtermenge abziehen, bei schlanken Hunden ist dies nicht nötig. Bei konventionellen Snacks sollten Sie Produkte wählen, die einen hohen Fleischanteil haben und frei von Zucker und Konservierungsstoffen sind.

Das darf nicht in den Napf

Einige Nahrungsmittel dürfen auf keinen Fall in den Futternapf, weil sie schlecht verdaulich oder für Hunde sogar giftig sind. Oft sind dies Lebensmittel, die für uns Menschen harmlos sind. Am besten kopieren Sie die Tabelle auf der rechten Seite und hängen sie in der Küche auf – zumindest in der ersten Zeit des Barfens, bis Sie verinnerlicht haben, was Ihr Hund auf keinen Fall fressen darf.

BITTE NICHT VERFÜTTERN!

FUTTER	PROBLEM
Fleisch Schweinefleisch Fleisch unbekannter Herkunft	Niemals rohes Schweinefleisch füttern, es besteht die Gefahr einer Infektion mit dem tödlichen Aujeszky-Virus. Ebenso tabu ist Fleisch unbekannter Herkunft.
Nachtschattengewächse unreife Tomaten grüne Paprika Peperoni Auberginen rohe Kartoffeln	Nachtschattengewächse enthalten giftiges Solanin. Es ist vor allem in grünen Pflanzenteilen, aber auch in rohen, grünen Kartoffeln, unreifen Tomaten sowie in Auberginen und Peperoni enthalten. Überreife Tomaten können Sie verwenden. Auch rote, gelbe und orange Paprika sind erlaubt. Kartoffeln bitte nur gekocht verwenden.
Zwiebelgewächse Zwiebeln Knoblauch Lauch	Zwiebeln enthalten das für Hunde schädliche N-Propyldisulfid, Knoblauch enthält Allicin. Beide Stoffe wirken ab einer Dosis von 4 g pro Kilogramm Körpergewicht toxisch. Sie können die roten Blutkörperchen zerstören und Blutarmut hervorrufen.
Hülsenfrüchte Erbsen Bohnen Linsen	Rohe Hülsenfrüchte enthalten das Gift Phasin. In großen Mengen ist ihr Verzehr tödlich. Beim Kochen wird das Phasin neutralisiert, trotzdem kann es zu starken Blähungen und Krämpfen kommen.
Sojaprodukte Tofu	Tofu ist für Hunde schwer verdaulich und kann zu Blähungen führen. Einige Hunde reagieren auf Soja oder bestimmte Sojaformen allergisch. Am besten verzichten Sie auf die Fütterung von Soja und Sojaprodukten.
Obst Weintrauben/Rosinen Quitten	Weintrauben und Rosinen enthalten Substanzen, die zu einer starken Erhöhung der Blut-Kalziumwerte beim Hund führen. Dadurch steigen die Nierenwerte. Bei schlechter Konstitution bzw. bei kleinen Rassen kann es zu Vergiftungen bis hin zu Nierenversagen kommen. Quitten enthalten große Mengen Tannin. Auch vom Füttern der Sternfrucht wird abgeraten.
Nüsse Macadamianüsse	Sie enthalten sogenannte cyanogene Glykoside (Pflanzengifte) und können bei Hunden zu schweren Vergiftungen führen.
Sonstiges Speisepilze Avocado	Füttern Sie keine Pilze. Einige enthalten Giftstoffe, die bei Hunden Leber- oder Nierenschäden oder sogar neurologische Störungen verusachen können. Eine Ausnahme sind sogenannte Heilpilze (→ Seite 109). Avocados enthalten das Toxin Perisin. Für Menschen ist es ungefährlich, bei Hunden schädigt es den Herzmuskel und kann zum Tod führen.
Genussmittel Kakao/Schokolade Kaffee	Kaffee, Kakao und Schokolade enthalten das für Hunde giftige Theobromin.

Nahrungsergänzungsmittel

Weil der Nachbau eines Beutetiers eben nur ein Nachbau ist und bestimmte Teile wie Hirn, Gedärme, Augen etc. nicht verfüttert werden, können einige Vitamine, Mineralien oder essenzielle Fett- und Aminosäuren im Futter zu knapp vorhanden sein. Haben Fleisch und Innereien aber gute Qualität, sind aus meiner Sicht nur wenige Nahrungsergänzungsmittel nötig. Aber auch bei manchen Erkrankungen macht es Sinn, das eine oder andere Präparat zu geben. Der Handel bietet auch Komplettprodukte mit Mineralien und Vitaminen an. Sie sind nach meiner Erfahrung nur in den seltensten Fällen nötig. Wenn Sie sie verwenden, sollten Sie sich in jedem Fall beraten lassen.

WAS HILFT WANN?

Die genaue Dosierung der Präparate entnehmen Sie bitte immer der Produktbeschreibung. Sind die Mittel auch für den Menschen gedacht, rechnen Sie die Angaben auf das Gewicht Ihres Hundes um. Geben Sie nie von Anfang an die maximale Dosis, sondern testen Sie, ob Ihr Hund das Produkt verträgt. Die meisten Mittel erhalten Sie in BARF-Shops, Reformhäusern oder Apotheken.

Grünlippmuschelmehl hat einen hohen Gehalt an sogenannten Glykosaminoglykanen. Diese Mehrfachzucker sind ein wesentlicher Bestandteil der Gelenkschmiere und wirken positiv auf Hunde mit Problemen des Bewegungsapparats, bedingt etwa durch Arthrose. Das Präparat kann über längere Zeit gegeben werden und lindert Gelenkbeschwerden.

Teufelskrallenwurzel unterstützt ebenfalls den Bewegungsapparat. Sie wirkt entzündungshemmend und leicht schmerzstillend. Auch bei älteren oder mäkeligen Hunden setze ich sie gern ein, da sie bei manchen Tieren auch stark appetitanregend wirkt.

Kalziumpräparate sind nur nötig, wenn Sie keine Knochen füttern oder die benötigte Kalziummenge nicht über den gefütterten Knochenanteil decken können. Hat Ihr Hund Probleme mit den Nieren oder hat er Blasensteine, sollten Sie mit einem Tierarzt, Tierheilpraktiker oder Ernährungsberater für Hunde sprechen. Je nach Kalziumquelle können die Präparate die Bildung von Steinen vermindern, aber auch begünstigen.

Knochenmehl ist aus meiner Sicht eine der natürlichsten Kalziumquellen. Dafür werden Knochen vom Rind mit einem entsprechenden Fleischanteil zu einem feinen Pulver gemahlen. Der Vorteil: Man kann das Knochenmehl im Futter sehr genau dosieren.

Eierschalenpulver ist eine gute Kalziumquelle aus mehlfein gemahlenen Eierschalen. Sie können es auch selbst herstellen. Einfach in der Küche anfallende leere Schalen von Bio-Eiern mit einem Mörser ganz fein mahlen und bei 100 °C für 10 Minuten im Backofen trocknen, um eventuell vorhandene Salmonellen abzutöten.

Kalziumcitrat ist eine gute Kalziumquelle für Hunde, die gegen Rindfleisch und -knochen allergisch sind oder zur Bildung von Blasen- und Nierensteinen neigen. Die organische Substanz ist für den Körper gut verwertbar.

Spirulina ist ein Cyanobakterium. Es ist reich an Eisen, Kalzium, Vitamin A und C, Mangan, Zinkverbindungen und pflanzlichem

Protein und hat einen sehr hohen Gehalt an Alpha-Linolensäure (→Seite 28). Spirulina wirkt entgiftend, blutbildend und stärkt das Immunsystem.

Chlorella ist eine einzellige Süßwasseralge aus Asien und wird wegen ihres sehr hohen Gehalts an Chlorophyll sowie an Mineralien, Vitalstoffen und Spurenelementen verwendet. Sie versorgt die Zellen mit Sauerstoff und wirkt so stark entgiftend wie kein anderes Nahrungsergänzungsmittel. Sie erhöht die Regenerationsfähigkeit der Zellen und stärkt den Kreislauf sowie das Verdauungssystem.

Heilerde kann bei Hunden mit Verdauungsproblemen wie Blähungen, erhöhter Magensäureproduktion und Entzündungen im Magen-Darm-Trakt Linderung verschaffen. Außerdem wird ihr eine schadstoffbindende Wirkung zugeschrieben, die bei der Ausleitung von Giften hilft.

Hagebuttenschalen sind sehr reich an Vitamin C, enthalten aber auch die Vitamine A, B1, B2 sowie Mineralstoffe, Flavonoide und Gerbstoffe. Auch wenn Hunde Vitamin C selbst bilden können, ist eine Gabe etwa bei entzündlichen Prozessen oder nach Erkrankungen des Immunsystems sinnvoll.

MSM ist Methylsulfonylmethan. Die organische Schwefelverbindung versorgt den Körper mit wertvollem natürlichem Schwefel. MSM entgiftet und hilft bei Beschwerden wie Durchfall, chronischer Verstopfung, Übelkeit, Magensäureüberschuss und Schmerzen im Magenbereich sowie bei Schleimhautentzündungen. Es wirkt aber auch bei Befall mit Giardien, Trichinen und Würmern.

Eierschalenmehl ist ein prima Kalziumlieferant. Um es selbst herzustellen, pulverisieren Sie die Schalen – am besten die von Bio-Eiern – sehr fein im Mörser.

In manchen Fällen und in Maßen dosiert können Nahrungsergänzungsmittel wie Eierschalen- oder Knochenmehl, Spirulina oder Hagebutte sinnvoll sein.

SO GELINGT DIE UMSTELLUNG

Vielleicht verputzt Ihr Hund das Menü mit rohem Fleisch begeistert. Oder er schnuppert erst mal skeptisch. An Fisch traut er sich noch nicht heran, aber Rinderhack und Hüttenkäse findet er lecker. Gehen Sie bei der Umstellung Schritt für Schritt vor, dann klappt es mit dem Barfen in kürzester Zeit.

Beim Wechsel von konventionellem Futter auf ein anderes Fertigprodukt kann man den Hund langsam daran gewöhnen, indem man beide Futtersorten mischt und den Anteil des neuen Futters nach und nach erhöht. Beim Barfen ist dies wegen der unterschiedlichen Verdauungszeit von Fertigfutter und rohem Futter nicht zu empfehlen (→ Seite 16). Doch nach meiner Erfahrung gelingt die Umstellung, wenn Sie Ihrem Hund nicht zu viele verschiedene Zutaten servieren, sondern ihn langsam an die neue Kost gewöhnen.

Umstellung ganz praktisch

Der »Fahrplan« für die Futterumstellung auf Seite 75 zeigt Ihnen, wie Sie vorgehen können. Am Anfang stehen drei bis vier »Pansentage«. Die Futtermengen finden Sie auf Seite 76/77. Bei einem gesunden, unempfindlichen Hund empfehle ich, anschließend nur eine Fleischsorte von einer Tierart über einen Zeitraum von drei bis vier Wochen zu füttern. So wissen Sie sicher, dass der Hund dieses Fleisch gut verträgt, und Sie selbst machen sich die Arbeit leichter, weil Sie nicht von Anfang an das ganze Sortiment von Rind, Huhn, Schaf etc. bereithalten müssen. Füttern Sie zum Beispiel drei bis vier Wochen nur Rind, dann drei bis vier Wochen nur Huhn. Genauso gehen Sie beim pflanzlichen Futteranteil vor. Geben Sie in der ersten Zeit nur eine Gemüse-, Salat- und Obstart, damit sich die Verdauung des Hundes auf die noch ungewohnte Kost umstellen kann.

Fangen Sie bitte erst ab der dritten Woche damit an, Knochen (gewolft) zu füttern. So hat der Magen Ihres Hundes Zeit, die entsprechend starke Magensäure zu bilden, die für die Verdauung von Knochen nötig ist. Wenn Ihr Hund rohes Futter nur zögernd annimmt oder sogar Verdauungsbeschwerden hat, empfehle ich zunächst nur leicht verdauliches Muskelfleisch zu geben und dieses kurz mit kochendem Wasser zu überbrühen. Nach einigen Tagen können Sie es dann roh verfüttern. Im Anschluss setzen Sie die Umstellung wie beim gesunden Hund fort.

DEN DARM UNTERSTÜTZEN

Manchmal kann es bei der Futterumstellung zu Durchfall kommen. Sowohl bei gesunden als auch bei etwas empfindlichen Hunden hat es sich deshalb bewährt, Produkte aus Kuh-, Schafs- oder Ziegenmilch zu geben, die die Darmsanierung fördern. Das sind vor allem Lebensmittel wie Kefir, Joghurt oder andere Milchprodukte, die lebende Milchsäurebakterien enthalten. Die meisten Hunde nehmen sie sehr gern an. Es gibt zudem auch Präparate, die den Hund mit den entsprechenden Bakterien versorgen.

Für einen guten Start: Grüner Pansen eignet sich gut für den BARF-Einstieg. Fast alle Hunde mögen ihn.

WAS WÄHREND DER UMSTELLUNG GESCHIEHT

In den ersten Tagen und Wochen kommt es zu folgenden Veränderungen:

◆ Es ist davon auszugehen, dass sich die Magensäure der neuen Fütterung anpasst. Sie hat nach einigen Wochen einen pH-Wert von 1,5–2, sodass rohes Futter optimal verdaut wird.

◆ Eingelagerte Schadstoffe und Schlacken werden über die Haut und die Verdauung ausgeschieden und die Darmzotten gereinigt. Deshalb ist manchmal der Kot mit einem grauen, festen Schleim überzogen.

◆ Ab und zu kommt es zu breiigem Stuhlgang, in ganz seltenen Fällen reagieren empfindliche Hunde mit Durchfall.

◆ Nach wenigen Tagen nimmt die Kotmenge in der Regel massiv ab. Auch wird der Kot dunkler, besser geformt und fester. Lassen Sie sich auch nicht verunsichern, wenn Ihr Hund während der Umstellungsphase einen Tag keinen Kot absetzt, das ist normal.

◆ Hunde, die vorher mit Trockenfutter gefüttert wurden, trinken deutlich weniger, weil sie nun einen Großteil der nötigen Wassermenge über das Futter aufnehmen.

◆ Manchmal reagiert ein Hund in den ersten Tagen mit Sodbrennen. Anzeichen sind Schmatzen sowie Unruhe. Rühren Sie ½–1 TL Heilerde in eine kleine Extra-Mahlzeit, zum Beispiel in Joghurt. Sie bindet überschüssige Säure. Geben Sie sie aber nicht in die normale Mahlzeit, da sie nicht nur schädliche, sondern auch gewünschte Stoffe bindet. Alternativ kochen Sie 1–2 EL Amaranth in etwas Wasser auf und mischen es ins Futter. Amaranth bildet beim Kochen Schleimstoffe, die den Magen beruhigen. Bei manchem Hund wird der Appetit durch Düfte angeregt, wenn die Familie zu Abend isst, und sein Magen bildet Säure. Hier kann es helfen, wenn Sie etwas Fleisch von der Tagesration abzweigen und zu dieser Zeit in größeren Stücken füttern.

Entgiftungserscheinungen

Im Lauf seines Lebens können sich Schadstoffe im Körper Ihres Hundes abgelagert haben. Impfungen, Narkose, Zusatzstoffe in konventioneller Nahrung und in Leckerchen, aber auch Umweltfaktoren wie Schadstoffe in Luft und Wasser hinterlassen Spuren. Bei der Umstellung auf Rohfutter kann es zu einer Reihe von Symptomen kommen, weil der Organismus nun die Möglichkeit hat, diese Altlasten auszuscheiden. Das heißt aber nicht, dass Ihr Hund krank ist.

Neben dem Schleim auf dem Kot zeigt sich eine Entgiftung in Form von Schuppen, Fellwechsel oder Ohrensekret. Sie kann sich auch in Durchfällen oder Blähungen äußern, oder die Haut hat einen starken Eigengeruch. All dies kann geschehen, muss es aber nicht. Auftreten, Dauer und Intensität hängen davon ab, wie stark der Organismus belastet ist und wie schnell er diesen Prozess bewältigt. Starke Entgiftungserscheinungen sind selten. Falls sie auftreten, wenden Sie sich an einen naturheilkundlich orientierten Tierarzt oder Tierheilpraktiker. So können Sie klären, ob Ihr Hund entgiftet oder ob er tatsächlich krank ist. Schließlich können solche Reaktionen auch Zeichen einer Futtermittelunverträglichkeit oder Allergie sein.

UMSTELLUNGS-FAHRPLAN

ZEIT	SO FÜTTERN SIE
Woche 1	Füttern Sie an drei bis vier aufeinanderfolgenden Tagen grünen Rinderpansen oder Blättermagen. Füttern Sie die Tagesration in zwei bis drei Portionen, und geben Sie wegen des vorverdauten pflanzlichen Anteils kein Gemüse und Obst hinzu. Den Rest der Woche füttern Sie Muskelfleisch und Innereien von einer Tierart, z. B. Rind. Bei diesen Mahlzeiten geben Sie wie üblich Obst und Gemüse dazu – genauso wie in den folgenden Wochen.
Woche 2	Setzen Sie die Fütterung von Muskelfleisch und Innereien der Tierart aus der ersten Woche fort.
Woche 3	Bleiben Sie noch bei der Tierart aus den ersten beiden Wochen. Sie können aber beginnen, außer dem Fleisch einen Anteil gewolfter Knochen zu füttern. Beobachten Sie den Kot Ihres Hundes. Er zeigt an, ob der Hund die Knochen gut verträgt.
Woche 4	Fahren Sie mit der Fütterung der ersten Fleischart plus Knochen fort.
Woche 5	Verträgt Ihr Hund gewolfte Knochen, können Sie z. B. Kalbsbrustbeinspitzen anbieten. Sie sind weicher als andere Knochen und leichter verdaulich. Auch eine neue Fleischart, z. B. Hähnchen, dürfen Sie anbieten.
Woche 6/7	Füttern Sie in diesen beiden Wochen die neue Fleischart.
Woche 8	Verträgt Ihr Hund das neue Fleisch auch gut, können Sie nun Fisch wie z. B. Wildlachs anbieten.
Woche 9	Verträgt Ihr Hund alles gut, dürfen Sie ihm ab jetzt weitere Fleisch- und Fischarten anbieten.

Wichtig: Auch bei einer BARF-Mahlzeit muss man auf die Menge achten und die Ration genau berechnen.

Futtermenge berechnen

Wie viel Futter ein Hund pro Tag braucht, hängt von vielen Faktoren ab: vom Gewicht, vom Alter, aber auch davon, wie aktiv er ist. Es gibt jedoch eine Faustregel, die bei der Berechnung der Futtermenge hilft: Bei kleinen Hunden bis etwa 10 kg Gewicht beträgt die Futtermenge 3–4 % des Körpergewichts, bei großen Hunden 2–3 %, jeweils abhängig vom Aktivitätsgrad und aktuellen Gewicht (→ Tabelle rechts). Das heißt, bei bewegungsfreudigen, schlanken Hunden liegt die Futtermenge eher an der oberen Grenze dieses

Richtwerts, bei eher trägen, moppeligen Exemplaren an der unteren Grenze. Dass man bei kleinen Hunden bis ca. 10 kg einen höheren Prozentsatz zugrunde legt, ist wichtig: Sie brauchen mehr Energie zur Erhaltung ihrer Körpertemperatur als große Hunde.

Welpen bekommen je nach Alter im Verhältnis zum Körpergewicht deutlich mehr Futter, Hunde-Senioren reicht meist eine kleinere Portion (→ Seite 92 und 96).

Bitte legen Sie die für die Futtermenge errechneten Zahlen nicht auf die Goldwaage. Runden Sie den Wert und die in den Rezepten angegebenen Mengen auf und ab, und passen Sie die Futtermenge dem tatsächlichen Bedarf Ihres Hundes an. Wenn die für Ihren Hund berechnete Futtermenge beispielsweise 523 g beträgt, füttern Sie 500 g, bei 590 g können Sie ohne Bedenken 600 g geben. Bei den Rezepten gehen Sie genauso vor. Nur bei den Angaben zur Leber halten Sie sich bitte an die vorgegebene Menge.

WENN DER HUND ZU DICK IST

Übergewicht ist bei vielen Hunden ein ernstes Problem. Zum einen leidet der Hund unter einer schlechten Kondition und kann seinen Bewegungsdrang nur schwer ausleben, zum anderen kann Übergewicht zu Folgeerkrankungen wie Schäden am Bewegungsapparat, Diabetes und Krebs führen.

Sollte Ihr Hund zu Übergewicht neigen oder schon übergewichtig sein, empfiehlt es sich, ihn mit einer Kombination aus Bewegung und Reduktion der Futter- bzw. Fettmenge etwas abspecken zu lassen. Ganz wichtig ist es auch, die Menge der Leckerchen zu überprüfen. Häufig gibt man als Hundebesitzer dem Hund bewusst oder unbewusst das ein oder andere Leckerchen zu viel.

Bei Übergewicht verringern Sie die Tagesfuttermenge grundsätzlich um ungefähr 10 %. Ebenso macht es Sinn, auf fettärmeres Fleisch wie Pute, Hähnchen oder mageres Rindfleisch zurückzugreifen. Damit der Hund sich trotzdem satt fühlt, erhöhen Sie den pflanzlichen Anteil um zuckerarme Gemüse- und Obstarten wie Salat und Äpfel. Wichtig: Geben Sie Ihrem Hund genügend Zeit zum Abnehmen, und wiegen Sie ihn während der »Diät« regelmäßig.

Kastrierte Tiere haben aufgrund der hormonellen Veränderungen in der Regel einen etwas niedrigeren Energiebedarf, leider aber auch mehr Hunger und neigen deshalb zu Übergewicht. Ziehen Sie bei einem kastrier-

ten Hund deshalb von der errechneten Futtermenge von vornherein 10 % ab.

Der Fastentag

Die einen empfehlen einen Fastentag, um ganz in »wölfischer« Manier die Verdauungsorgane zu entlasten. Schließlich hat ein Wolf nicht jeden Tag Jagdglück. Die anderen stehen es nicht durch, wenn ihr Hund vor Hunger schmachtend bettelt. Ob Sie Ihren Hund einen Fastentag einlegen lassen oder nicht, bleibt Ihnen überlassen. Notwendig ist er nicht. Vielleicht weichen Sie auf einen Entlastungstag mit Milchprodukten aus. Unter den Rezepten finden Sie den »Veggie Day«, den ich gern bei meiner Hündin einlege und mit dem sie gut zurechtkommt (→ Seite 85). Ein solcher Entlastungstag sorgt für eine schlanke Linie und liefert Ballaststoffe.

FUTTERMENGE: SO VIEL BRAUCHT IHR HUND

GEWICHT DES HUNDES IN KILOGRAMM (KG)	2,5	5	10	15	20	25	30	50
Futtermenge in Prozent vom Körpergewicht	4 %	3,5 %	3 %	2,5 %	2,5 %	2,5 %	2 %	2 %
Tagesration in Gramm (g)	100	175	300	375	500	625	600	1000
80 % davon Tierisches (g)	80	140	240	300	400	500	480	800
20 % davon Pflanzliches (g)	20	35	60	75	100	125	120	200
Kalziumbedarf in Gramm (g) pro Tag	0,13	0,25	0,5	0,5	1	1	1,5	2,5
in Form von Kalziumcitrat (g)	0,6	1,2	2,4	2,4	4,7	4,7	7,1	11,9
in Form von Eierschalenpulver (g)	0,3	0,6	1,3	1,3	2,6	2,6	3,9	6,4
in Form von Knochenmehl (g)	0,6	1,3	2,5	2,5	5	5	7,5	12,5

Futterpraxis

Grundsätzlich füttert man erwachsene Hunde zweimal am Tag. Hunden, die an Erkrankungen der Bauchspeicheldrüse oder Leber leiden, gibt man drei- bis viermal am Tag kleine Portionen, um die Organe zu entlasten und die Nährstoffaufnahme zu optimieren. Die klassische Mahlzeit aus rohem frischem Futter setzt sich aus ca. 80 % tierischen Produkten wie Fleisch, Innereien, Fett, Knochen oder auch mal Milchprodukten und ca. 20 % pflanzlichen Bestandteilen wie Gemüse und Obst zusammen. Eine Aufteilung auf 70 % tierische und 30 % pflanzliche Produkte ist auch möglich und wird bei bestimmten Erkrankungen wie Leberproblemen empfohlen.

Rezepte: frei oder nach Plan

Sie können sich von Rezepten inspirieren lassen (→ Seite 80–85) oder an dem Baukastenrezept orientieren (→ Kasten links). Dabei wählen Sie aus jeder Komponente einen Bestandteil und bestimmen nach den Prozentwerten die Menge der einzelnen Komponenten. Ein Beispiel: Eine Tagesration von 500 g (entspricht einem 20 kg schweren Hund) wird in 400 g tierische und 100 g pflanzliche Komponenten aufgeteilt. Die tierischen Komponenten setzen sich aus 200 g Muskelfleisch, 80 g Pansen und je 60 g Innereien und Knochen zusammen. Selbstverständlich runden Sie die Mengen. Im Wochenplan (→ Tabelle rechts) und in den Rezepten ist immer die Tagesration angegeben. Bereiten Sie die ganze Portion vor, und füttern Sie diese in zwei Mahlzeiten über den Tag verteilt.

Wichtig: die Kalziumdosierung

Wenn Sie keine Knochen geben, erhöhen Sie den Fleischanteil und verabreichen stattdessen ein Kalziumsupplement (Kalziumcitrat, Eierschalenpulver oder Knochenmehl). Ein erwachsener Hund braucht ca. 0,05 g Kalzium pro Kilogramm Körpergewicht und Tag. Da die Präparate einen unterschiedlichen Kalziumgehalt haben, beachten Sie bitte genau die Anweisungen auf der Packung.

═══ BAUKASTENREZEPT ═══

ANTEIL	KOMPONENTE		
80 %	Tierisches, wiederum aufgeteilt in		
	50 % Fleisch	Rind, Huhn, Pute, Ente, Wild, Fisch, Lamm, Ziege	
	20 % Pansen, Blättermagen	Alternativ Fleischmenge erhöhen oder auch mal nur Pansen füttern	
	15 % Innereien	Herz, Magen, Milz, Thymus, Leber (Leber: 1g pro kg Körpergewicht pro Tag, in 1–2 Portionen pro Woche)	
	15 % fleischige Knochen	Fleischknochen, Hähnchenhälse, -flügel, Brustbein etc., alternativ Kalziumsupplement	
20 %	Pflanzliches, z.B. grüne Blattsalate, Gemüse, Obst		
1 TL– 1 EL	Öl	Lachsöl, Hanföl, Leinöl etc.	

WOCHENPLAN FÜR EINEN 20 KG SCHWEREN HUND

WOCHENTAG	TIERISCH	PFLANZLICH	SONSTIGES
Montag	200 g Muskelfleisch 100 g grüner Pansen 40 g Rinderherz 60 g Rinderbrustbein	60 g grüner Blattsalat 40 g Banane	1 TL Lachsöl 4,7 g Kalziumcitrat oder 2,6 g Eierschalenpulver oder 5 g Knochenmehl
Dienstag	300 g Hähnchenfleisch 100 g Hähnchenkarkasse	100 g Karotten	20 g körniger Frischkäse 1 TL Leinöl 1 rohes Eigelb Keine Kalziumgabe, da die Hähnchenkarkasse ausreichend Kalzium enthält
Mittwoch	Pansentag 500 g grüner Pansen oder Blättermagen		1 TL Leinöl 4,7 g Kalziumcitrat oder 2,6 g Eierschalenpulver oder 5 g Knochenmehl
Donnerstag	300 g Putenfleisch 80 g Putenmägen 20 g Putenleber	50 g rote Paprika 50 g Ananas	1 TL Sonnenblumenöl 4,7 g Kalziumcitrat oder 2,6 g Eierschalenpulver oder 5 g Knochenmehl
Freitag	400 g Wildlachs	50 g grüner Blattsalat 50 g rote Bete	Heute kein Öl, da genügend im Wildlachs enthalten ist 4,7 g Kalziumcitrat oder 2,6 g Eierschalenpulver oder 5 g Knochenmehl
Samstag	270 g Maulfleisch vom Rind 20 g Rinderleber 50 g Rinderherz 60 g Kalbsbrustspitzen	50 g grüner Blattsalat 50 g rote Bete	1 TL Lachsöl 1 rohes Eigelb 4,7 g Kalziumcitrat oder 2,6 g Eierschalenpulver oder 5 g Knochenmehl
Sonntag	200 g Muskelfleisch vom Lamm 100 g Lammpansen grün 40 g Lammlunge 60 g Lammrippchen	50 g Zucchini 50 g Apfel	1 TL Sonnenblumenöl 4,7 g Kalziumcitrat oder 2,6 g Eierschalenpulver oder 5 g Knochenmehl

Rind pur

Rind schmeckt jedem Hund sehr gut. Die verschiedenen Teile vom Rind sorgen für eine ausgewogene Mahlzeit und sind sehr gut verträglich.

Tagesration für einen 20 kg schweren Hund

ZUTATEN

200 g durchwachsenes Rindermuskelfleisch
90 g Pansen
20 g Rinderleber
30 g Rinderherz
60 g Rinderbrustbeinspitzen
60 g grüner Blattsalat
40 g Apfel
1 TL Lachsöl
5 g Knochenmehl (nur wenn Sie keine Rinderbrustbeinspitzen füttern)

ZUBEREITUNG

Schneiden Sie Fleisch und Knochen entsprechend den Vorlieben Ihres Hundes in Stücke, und geben Sie diese in den Napf. Salat und Apfel waschen und beides mit dem Pürierstab fein zerkleinern. Den Salat-Apfel-Mix zum Fleisch geben und einen Teelöffel Lachsöl hinzufügen. Vermischen Sie alles – und fertig ist der Gaumenschmaus!

TIPP

Grünlippmuschelmehl tut Knochen und Gelenken gut und hemmt Entzündungen. Bei akuten Beschwerden dürfen Sie bis zu 3 g pro Kilogramm Körpergewicht zum Hundefutter geben.

Geflügelragout

Huhn und Pute sind eine optimale Kombination aus Eiweiß und Energie. Zudem enthalten sie wenig Fett, sind also gut für die schlanke Linie.

Tagesration für einen 20 kg schweren Hund

ZUTATEN

150 g Putenfleisch
140 g Hähnchenfleisch
20 g Putenleber
30 g Putenherz
60 g Putenkarkasse, fein gewolft
50 g frischer Spinat
50 g Hokkaidokürbis, gekocht
1 TL Rapsöl
2,6 g Eierschalenpulver (nur wenn Sie keine Putenkarkasse füttern)

ZUBEREITUNG

Schneiden Sie Fleisch und Innereien in gulaschgroße Stückchen, und geben Sie diese in den Napf. Die gewolfte Karkasse dazugeben. Den frischen Spinat waschen und grob zerkleinern. Den Kürbis waschen, mit einem scharfen Messer zerteilen und ca. 20 Minuten weich kochen. Anschließend stampfen. Gemüse zum Fleisch geben. Das Rapsöl darübergeben und alles gut durchmischen.

TIPP

Streuen Sie ab und zu zwei bis drei gemahlene Walnüsse über das Futter – sie sind reich an ungesättigten Fettsäuren und damit gut für das Herz!

Hähnchen-Power

Schmeckt jedem Hund und gibt viel Energie für den Tag.

Tagesration für einen 20 kg schweren Hund

ZUTATEN

200 g Hähnchenfleisch
50 g Hähnchenmägen
50 g Hähnchenhaut mit Fett
30 g Hähnchenherzen
20 g Hähnchenleber
50 g Hähnchenkarkasse, fein gewolft
60 g Rote Bete (roh)
20 g Feldsalat
20 g Himbeeren
1 TL Leinöl

ZUBEREITUNG

Hähnchenfleisch, -haut und -leber in entsprechend große Stücke schneiden. Mägen und Herzen müssen Sie nicht zerkleinern. Rote Bete schälen, Feldsalat und Himbeeren waschen. Gemüse und Obst mit dem Pürierstab zerkleinern. Anschließend mit dem Fleisch vermischen und in den Napf geben.

===== TIPP =====

Wenn Sie die Mahlzeit Ihres Hundes mit Leinöl verfeinern, füttern Sie 1 EL Quark oder körnigen Frischkäse dazu. Durch die Kombination des Leinöls mit Milchprodukten werden die Fettsäuren vom Körper besser aufgenommen.

Pferdestärke

Ein feines Rezept auch für allergische oder übergewichtige Hunde.

Tagesration für einen 20 kg schweren Hund

ZUTATEN

200 g Pferdemuskelfleisch
50 g Pferdelunge
20 g Pferdenieren
50 g Pferdeherz
20 g Pferdeleber
60 g Fleischknochen vom Pferd
100 g Süßkartoffeln, gekocht
1 TL Nachtkerzenöl
5 g Fleischknochenmehl (nur wenn Sie keine Fleischknochen füttern)

ZUBEREITUNG

Schneiden Sie Fleisch, Innereien und Knochen entsprechend den Vorlieben Ihres Hundes in Stücke, und geben Sie diese in den Napf. Die Süßkartoffeln schälen und ca. 20 Minuten gar kochen. Anschließend die Kartoffel mit einer Gabel zerdrücken und zum Fleisch geben. Zum Schluss das Öl darübergeben und alles gut vermischen.

===== TIPP =====

Pinienkerne enthalten viel Selen, Vitamin A, B1, Phosphor und ungesättigte Fettsäuren. Geben Sie sie fein gemahlen ab und zu übers Futter – je nach Größe des Hundes 1–3 TL.

Fisch & Rind

Fisch trifft Rind – eine gute Alternative, wenn Ihr Hund puren Fisch nicht mag. Eventuell beginnen Sie mit weniger Fisch und steigern die Menge nach und nach.

Tagesration für einen 20 kg schweren Hund

ZUTATEN

100 g durchwachsenes Rindermuskelfleisch
50 g Rinderlunge
150 g tiefgefrorener norwegischer Wildlachs
20 g Rinderblättermagen
20 g Rinderleber
60 g Rinderbrustbein
30 g Rucola
30 g Zucchini
40 g Beeren (z. B. Himbeeren)
1 TL Hanföl
5 g Fleischknochenmehl (nur wenn Sie kein Rinderbrustbein füttern)

ZUBEREITUNG

Schneiden Sie das Fleisch in gulaschgroße Stückchen. Tauen Sie den Wildlachs schonend auf und schneiden ihn ebenfalls in Stücke. Geben Sie alles in den Napf. Rucola, Beeren und Zucchini waschen, mit dem Pürierstab fein pürieren und zu dem Fleisch geben. Zum Schluss das Hanföl über das Futter geben.

TIPP

Chiasamen sind reich an Mineralien und Fettsäuren. Geben Sie sie ab und zu, in Wasser eingeweicht, zum Futter.

Gesunder Norweger

Norwegischer Lachs liefert wichtige Fettsäuren und Nährstoffe – so ist Ihr Hund optimal versorgt.

Tagesration für einen 20 kg schweren Hund

ZUTATEN

400 g tiefgefrorener norwegischer Wildlachs
50 g Karotten
50 g Banane
2,6 g Eierschalenpulver (nur wenn Sie den Lachs ohne Gräten verfüttern)

ZUBEREITUNG

Den Fisch schonend auftauen, in kleine Stücke schneiden und in den Napf geben. Karotten waschen und fein raspeln, die Banane schälen und zerdrücken. Ebenfalls in den Napf geben und alles gut vermischen.

Veggie Day

Einmal pro Woche eine ballaststoffreiche Alternative für eine schlanke Linie.

Tagesration für einen 20 kg schweren Hund

ZUTATEN

100 g körniger Frischkäse
100 g grüne und rote Blattsalate
50 g Karotten
100 g Pastinaken
25 g Ananas
25 g Birne
1 TL Walnussöl

ZUBEREITUNG

Salat, Karotten, Pastinaken und Birne waschen und pürieren. Ananas schälen und ebenfalls pürieren. Mit dem Frischkäse in den Napf geben und mit Walnussöl mischen.

HÄUFIGE FRAGEN ZUR FUTTERUMSTELLUNG

Ihr Hund zögert noch, das rohe Fleisch zu fressen? Oder er lässt etwas übrig? Kein Problem. Mit ein paar Tricks sorgen Sie dafür, dass er auf den Geschmack kommt.

Mein Hund mag kein rohes Fleisch. Woran kann das liegen?

André Seeger: Hunde, die Rohfutter nicht kennen, gewöhnen sich anfangs manchmal schwer an die Konsistenz von rohem Fleisch. Überbrühen Sie das Fleisch in den ersten Tagen mit etwas kochendem Was-

Keine Lust auf Grünzeug? Mancher Hund verweigert anfangs das Gemüse. Überlisten Sie ihn mit kleinen Mengen, fein püriert.

ser, dadurch wird es fester und der Hund nimmt es meist gern an. Nach ein paar Tagen können Sie ihm das Fleisch dann roh geben. Nach meiner Erfahrung wird er es dann annehmen.

Mein Hund verweigert sein Gemüse. Was kann ich tun?

André Seeger: Fangen Sie mit einer geringeren Menge Gemüse an, als im Rezept angeben, und steigern Sie den Anteil allmählich. Falls Ihr Hund ein bestimmtes Gemüse oder Obst überhaupt nicht mag, ersetzen Sie es einfach durch ein anderes.

Mein Hund frisst seine Futterportion öfter nicht. Muss ich den Rest wegwerfen?

André Seeger: Nein. Stellen Sie das Futter einfach in den Kühlschrank. Dort hält es sich bis zu zwei Tage.

Mein Hund frisst seit der Umstellung viel Gras. Ist das ein Alarmzeichen?

André Seeger: Nein. Im Rahmen der Umstellung kann es manchmal zu leichten

Bauchschmerzen bzw. zu einem Säure-
überschuss kommen. Lassen Sie Ihren
Hund ruhig Gras fressen. Es beruhigt den
Magen. Sie können ihm auch Heilerde oder
Amaranth geben (→ Seite 74/75).

**Der Kot meines Hundes ist auch Wochen
nach der Futterumstellung noch mit
Schleim überzogen. Woran liegt das?**

André Seeger: Dies kann ein Hinweis auf
eine Störung der Darmflora sein. Füttern
Sie zur Darmsanierung entweder Sauermilchprodukte wie Joghurt oder Präparate
mit entsprechenden Bakterienkulturen.

**Mein Hund hat heute keinen Kot abge-
setzt. Muss ich mir Sorgen machen?**

André Seeger: Eine geringere Kotmenge
ist beim Barfen normal. Grund ist die bessere Verwertbarkeit der Nahrung. Zeigt
der Hund aber zugleich Anzeichen von Un-
wohlsein oder Schmerzen, sollten Sie mit
ihm sofort zum Tierarzt oder Tierheilpraktiker, genauso, wenn Ihr Hund länger als
zwei Tage keinen Kot absetzt.

**Wir wollen unseren Hund in den Urlaub
mitnehmen, können dort aber nicht Barfen. Wie füttern wir ihn in dieser Zeit?**

André Seeger: Wenn Sie einmal nicht barfen können, geben Sie Ihrem Hund in dieser Zeit Fleisch aus der Dose oder ein
hochwertiges getreidefreies Hundefutter.
Entscheiden Sie sich für Fleisch aus der
Dose, nehmen Sie ungefähr die gleiche

*Selbsthilfe: Es ist in Ordnung, wenn ein Hund Gras
frisst. Es hilft, den Magen zu beruhigen, bis sich seine Verdauung auf das neue Futter eingestellt hat.*

Futtermenge wie bei der Rohfütterung. Bei
der getreidefreien Futtervariante richten
Sie sich nach den Fütterungsempfehlun-
gen des Herstellers. Bitte testen Sie unbedingt schon ein paar Tage vor dem Urlaub,
ob Ihr Hund die angebotenen Varianten
auch wirklich gut verträgt. Auf keinen Fall
sollten Sie getreidehaltiges Futter geben,
denn dies führt oft zu Verdauungsstörungen. Nach dem Urlaub füttern Sie Ihrem
Hund etwa zwei bis drei Tage lang grünen
Pansen und Blättermagen und setzen die
BARF-Fütterung im Anschluss daran wie
gewohnt fort.

BARF FÜR
SPEZIAL-
FÄLLE

Auch bei Welpen und Hunde-Senioren sorgt BARF für eine artgerechte, gesunde Ernährung. Und bei kranken Hunden ist Barfen zu empfehlen, weil es dazu beiträgt, dass der Hund wieder gesund wird.

BARF FÜR WELPEN & HUNDE-SENIOREN

Barfen von Anfang an? Natürlich geht das – der Hundenachwuchs wird so aufs Beste mit allem versorgt, was er braucht. Und auch Hunde-Senioren tut die kohlenhydratarme Kost gut: So erhalten sie ihre schlanke Linie und bleiben länger gesund und in Schwung.

Junge Hunde wachsen schnell und brauchen viele Nährstoffe, Hunde-Senioren kommen dagegen meist mit etwas weniger aus, vertragen vielleicht die eine oder andere Futterzutat nicht mehr so gut oder brauchen eine Extraportion Vitamine und Mineralien, um das Immunsystem zu stärken oder Arthrose-Beschwerden zu lindern. Bei beiden Altersgruppen sorgt BARF für eine artgerechte Versorgung mit allen Nährstoffen.

Die Ernährung von Welpen

Zunächst ist alles ganz einfach: Die kleinen Welpen werden von der Mutter gesäugt. Doch schon mit vier Wochen beginnen sie, vorsichtig an fester Nahrung zu knabbern. Und spätestens wenn ein zwei oder zweieinhalb Monate altes Hundekind bei Ihnen einzieht, ist es auf feste Nahrung angewiesen. Für den Körper eines Welpen ist die Gewöhnung an feste Nahrung eine Herausforderung. Das Immunsystem muss erkennen, zu welcher Kategorie das Eiweiß gehört, das

über die Nahrung in seinen Körper gelangt: Sind es Proteine eines Futterbestandteils, die ihn nähren sollen? Sind es Eiweiße, die von den Mikroben seiner Darmflora stammen? Oder sind es körpereigene Proteine? Diese Unterscheidung ist wichtig, denn Eiweiß, das in den Organismus gelangt, könnte auch zu einem Krankheitserreger gehören, den es zu beseitigen gilt. In diesem Fall bildet der Organismus Antikörper. Es kann aber auch vorkommen, dass der Körper fälschlicherweise ein Nahrungseiweiß als Krankheitserreger einstuft: In diesem Fall kommt es zu einer Futtermittelunverträglichkeit, oder der Hund reagiert sogar allergisch (→ Seite 99).
Der Verdauungstrakt muss also lernen, Nahrungseiweiße zu identifizieren und sie zu tolerieren. Andererseits muss der Körper lernen, Antikörper gegen Krankheitserreger zu bilden. Man bezeichnet diesen Prozess als »orale Toleranz«. Sie verhindert, dass ein Welpe, der beginnt, feste Nahrung zu sich zu nehmen, allergisch auf diese zunächst ungewohnten Fremdstoffe reagiert.

Das Füttern nach dem BARF-Prinzip ist ein wichtiger Beitrag zu einem gesunden Start ins Hundeleben.

Viele Futtermittelallergien beginnen mit der Entwöhnung der Welpen. Denn wenn Welpen von Beginn an mit konventionellem Fertigfutter gefüttert werden, wird ihr Körper in kurzer Zeit mit vielen verschiedenen Nährstoffen konfrontiert. Eine Unterscheidung der einzelnen Stoffe ist für das Immunsystem dann fast unmöglich.

Bei der Fütterung mit frischem, rohem Futter haben Sie dagegen die Möglichkeit, den Speiseplan Ihres Welpen Schritt für Schritt zu erweitern und seinen Bedürfnissen anzupassen. Am besten beginnen Sie mit einigen wenigen Komponenten, die Sie jeweils über einen Zeitraum von sechs bis sieben Tagen füttern. Das heißt, dass Sie zum Beispiel in der ersten Wochen maximal zwei verschiedene Fleischarten und maximal zwei bis drei pflanzliche Komponenten füttern. In den folgenden Wochen erweitern Sie den Speiseplan nach und nach. So geben Sie dem Organismus Ihres Welpen genug Zeit, zwischen »Freund« und »Feind« zu unterscheiden. Auf diese Weise können Sie zwar die Entstehung von Allergien nicht völlig ausschließen, aber die Gefahr deutlich verringern.

Wurde Ihr Welpe vom Züchter konventionell gefüttert oder steigen Sie erst in die Rohfütterung ein, wenn Ihr Hund schon etwas älter ist, beachten Sie ebenfalls die oben aufgeführten Tipps. Sie beginnen also mit wenigen Komponenten und bauen den Futterplan Schritt für Schritt aus. Schaden kann dieser Versuch in keinem Fall. Es ist zwar nicht wissenschaftlich erwiesen, doch es ist davon auszugehen, dass sich der Verdauungstrakt auch später noch auf »neue« Nahrungseiweiße einstellen kann.

Barfen von Anfang an

Welpen lassen sich in der Regel ganz einfach auf BARF umstellen. Sie neigen selten zu Begleiterscheinungen wie Durchfällen etc., die manchmal bei erwachsenen Hunden auftreten. Das hängt sicherlich damit zusammen, dass der Organismus des Welpen noch nicht so stark durch Schlacken, Umweltschadstoffe und Zusätze in Futtermitteln belastet ist. Wenn Ihr Welpe bei Ihnen einzieht, können Sie ihm deshalb von Anfang an frisches Rohfutter anbieten. Die Anschaffung eines Welpenfutters für die Übergangszeit ist nicht nötig. Sollte er das Rohfutter nicht auf Anhieb akzeptieren, dürfen Sie ihn ruhig einmal bis zu sechs Stunden fasten lassen, dann wird er sich sicher begierig auf die Mahlzeit stürzen.

Wie viel Futter brauchen Welpen?

Die für Welpen notwendige Futtermenge wird ab der achten Lebenswoche bis zum Alter von einem Jahr auf der Basis von 2–6 % des aktuellen Körpergewichts berechnet. So benötigt beispielsweise ein acht Wochen alter Welpe eine Futtermenge von etwa 6 % seines Körpergewichts. Im Laufe der Zeit wird die Futtermenge entsprechend dem Wachstum, der Gewichtszunahme und dem Alter angepasst. Dieser im Vergleich zum erwachsenen Hund erhöhte Prozentsatz beruht auf der zu erwartenden Gewichtszunahme des Welpen. Mit zunehmendem Alter sinkt der Prozentwert, bis man schließlich bei einem einjährigen Hund den üblichen Prozentwert eines erwachsenen Tiers bei der Berechnung der Futtermenge zugrunde legt.

Wie beim erwachsenen Hund sind diese Futterangaben allerdings nur Richtwerte, die Sie an den individuellen Bedarf Ihres Welpen anpassen sollten. Der tatsächliche Futterbedarf wird außerdem von der Rasse und der Aktivität des Welpen beeinflusst, vor allem aber von seiner fortschreitenden Entwicklung. So kann es Phasen geben, in denen ein Welpe eher mäkelig ist und wenig frisst, und genauso Zeiten, in denen er immer hungrig

SO VIEL BRAUCHT IHR WELPE (BEISPIEL)

ALTER DES WELPEN (MONATE)	2	4	6	8	10	12
Gewicht des Welpen in kg	5	13	20	26	30	35
Futtermenge in Prozent vom Körpergewicht	6 %	5 %	4,5 %	3,5 %	3 %	2 %
Tagesration in Gramm (g)	300	650	900	910	900	700
80 % davon Tierisches (g)	240	520	720	728	720	560
20 % davon Pflanzliches (g)	60	130	180	102	180	140
Kalziumbedarf in Gramm (g) pro Tag	0,58	1,5	2,3	2,99	3,45	1,75
in Form von Kalziumcitrat (g)	14,2	7,1	10,9	14,2	16,4	8,3
in Form von Eierschalenpulver (g)	1,5	3,9	5,9	7,7	8,9	4,5
in Form von Knochenmehl (g)	2,9	7,5	11,6	15	17,3	8,8

scheint. Deshalb benötigt ein Welpe zum Beispiel während eines Wachstumsschubs mehr Nahrung, in einer anderen Phase dagegen weniger. Am besten holen Sie sich zur Aufstellung eines Fütterungsplans deshalb Unterstützung bei einem BARF-Berater. Kontrollieren Sie außerdem unbedingt regelmäßig das Gewicht des Welpen: Er sollte wohlgenährt sein, aber nicht dick. Auf keinen Fall darf er nach der Futterumstellung abnehmen. Ist dies der Fall, erhöhen Sie die Tagesration moderat – bei sehr kleinen Rassen um ca. 10 g, bei mittelgroßen um 25 g und bei großen um 50 g oder maximal 100 g.

Welpen, die ab und zu Joghurt oder Quark bekommen, vertragen Milchprodukte meist auch als große Hunde.

WELPEN BRAUCHEN VIEL KALZIUM

Für eine gute Mineralisierung des Skeletts sowie beim Zahnens brauchen Welpen ausreichend Kalzium. Da die Versorgung über Knorpel oder Knochen nicht immer ausreicht, kann die Gabe eines Kalziumpräparats sinnvoll sein. Lassen Sie sich auch in diesem Fall von einem BARF-Fachmann beraten.

WIE VIELE MAHLZEITEN?

Welpen brauchen viel mehr Mahlzeiten als erwachsene Hunde. Bis zum Alter von vier Monaten teilt man die tägliche Futterration in vier Mahlzeiten auf, bis zum Alter von sechs Monaten gibt man täglich drei Mahlzeiten, dann füttert man schließlich wie beim erwachsenen Hund zweimal täglich.

Wochenplan für Welpen

Der Wochenplan auf Seite 95 bezieht sich auf einen ca. zehn Wochen alten Labrador-Welpen mit einem Gewicht von 6 kg. Berechnungsgrundlage sind 6 % des aktuellen Körpergewichts. Daraus ergibt sich eine tägliche Futtermenge von 360 g, aufgeteilt in 288 g tierische und 72 g pflanzliche Komponenten. Die Werte wurden in den Rezepten auf 290 g und 70 g gerundet. Der Anteil der Milchprodukte wird von der Fleischkomponente abgezogen. Wenn Sie abends Hähnchenhälse oder Knochen (evtl. gewolft) füttern, ist eine zusätzliche Kalziumgabe nicht nötig. Wenn Sie keine Knochen füttern, geben Sie der Tagesration 3,3 g Kalziumcitrat, 1,8 g Eierschalenpulver oder 3,5 g Fleischknochenmehl zu.

WOCHENPLAN FÜR EINEN 6 KG SCHWEREN WELPEN (BEISPIEL)

MAHLZEIT	MORGENS	MITTAGS	NACHMITTAGS	ABENDS
Montag	60 g Rindfleisch 25 g Rinderherz 20 g Karotte, gerieben ½ TL Lachsöl	50 g Frischkäse 20 g Himbeeren	100 g Muskelfleisch 25 g Rinderherz 30 g Salat ½ TL Lachsöl	40 g Kalbsbrust-spitzen
Dienstag	50 g Maulfleisch 25 g Rinderleber 20 g Karotte, gerieben ½ TL Leinöl	50 g Joghurt 20 g Banane	100 g Maulfleisch 25 g Rinderleber 30 g Apfel, gerieben ½ TL Leinöl	40 g Kalbsbrust-spitzen
Mittwoch	60 g Pansen (grün) ½ TL Lachsöl	120 g Pansen (grün)	140 g Pansen (grün) ½ TL Lachsöl	40 g Kalbsbrust-spitzen
Donnerstag	50 g Rindfleisch 25 g Rinderherz 20 g Apfel, gerieben ½ TL Leinöl	50 g Frischkäse 20 g Himbeeren	100 g Rindfleisch 25 g Rinderherz 30 g Salat ½ TL Leinöl	40 g Kalbsbrust-spitzen
Freitag	50 g Hähnchen-fleisch 25 g Hähnchenleber 20 g Banane	50 g Frischkäse 20 g Karotte, gerieben	100 g Hähnchen-fleisch 25 g Hähnchenherz 30 g Himbeeren ½ TL Lachsöl	40 g Hähnchenhälse
Samstag	50 g Hähnchen-fleisch 25 g Hähnchen-mägen 20 g Apfel, gerieben ½ TL Lachsöl	50 g Frischkäse 20 g Banane	100 g Hähnchen-fleisch 25 g Hähnchenherz 30 g Salat ½ TL Leinöl	40 g Hähnchenhälse
Sonntag	50 g Hähnchen-fleisch 25 g Hähnchenleber 20 g Karotte, gerieben ½ TL Lachsöl	50 g Joghurt 20 g Karotte, gerieben	100 g Hähnchen-fleisch 25 g Hähnchenherz 30 g Salat ½ TL Leinöl	40 g Hähnchenhälse

Wichtig: Weil die Bedürfnisse von Welpen verschiedener Rassen sehr unterschiedlich sind, sollten Sie den Fütterungs- und Wochenplan für Ihren Welpen unbedingt von einem kompetenten BARF-Berater erstellen lassen.

Wenn die Zähne nicht mehr richtig mitmachen, servieren Sie Ihrem Hunde-Senior das Fleisch fein gewolft.

Der Hunde-Senior

Je nach Hunderasse sprechen wir bei großen Hunden ab dem siebten bis achten Lebensjahr und bei kleinen Hunden ab dem zehnten bis zwölften Lebensjahr vom älteren bzw. alten Hund. Zwar müssen Sie im Grunde genommen für einen alten, weitgehend gesunden Hund bei der Rohfütterung keinen besonderen Fütterungsplan erstellen, weil sich seine Bedürfnisse jedoch verändern, können Sie das Futter seinem Alter entsprechend anpassen. Vor allen Dingen sollten Sie die Futtermenge wegen des verminderten

Bewegungsdrangs des Hundes reduzieren, um Übergewicht zu vermeiden – je nach Gewicht um ca. 10 %. Sorgen Sie zudem für leichte Bewegung – Schwimmen tut vielen alten Hunden gut –, um die Muskulatur zu stärken. Bei Arthrosebeschwerden sollte der Hund nur in warmem Wasser schwimmen. Ansonsten gibt es ein paar Tricks, mit denen Sie dafür sorgen können, dass Ihr Hunde-Senior seinen guten Appetit behält.

◆ Da Hunde ihr Futter in erster Linie durch den Geruch identifizieren, der Geruchs- und Geschmackssinn im Alter aber nachlässt, fressen manche Hunde-Senioren schlechter. Geben Sie in diesem Fall zur normalen Mahlzeit etwas Pansen. Weil er sehr stark riecht, wird das Futter für den Hund wieder attraktiver. Weil Pansen jedoch relativ schwer verdaulich ist, sollten Sie zunächst testen, ob Ihr Hund ihn noch verträgt. Auch Teufelskralle ist ein gutes Mittel, um den Appetit anzuregen.

◆ Weil Verdauungsorgane und Stoffwechsel im Alter langsamer arbeiten, sollten Sie die Tagesration besser auf zwei bis drei Mahlzeiten verteilen.

◆ Der Körper produziert weniger Verdauungsenzyme bzw. braucht länger, um Enzyme bereitzustellen. Füttern Sie leicht verdauliche Eiweiße und Fette. Dazu gehören helle Fleischarten wie Huhn und Pute sowie Fisch.

◆ Wenn die Zähne stark abgenutzt sind oder ganz fehlen, sollten Sie keine sehr harten Kauartikel oder Knochen füttern. Wenn nötig, wolfen oder pürieren Sie das Futter.

◆ Weil die Verdauung im Allgemeinen nicht mehr so gut funktioniert wie bei jüngeren

Hunden, sollten Sie auf schwer verdauliches Futter wie Knochen verzichten. Füttern Sie besser reichlich Rohfasern wie Gemüse und Salate. Vermischen Sie das Futter mit einer kleinen Tasse Wasser, das erleichtert die Verdauung zusätzlich.

◆ Weil die Magenschleimhaut im Alter nicht mehr so robust ist, sollten Sie ab und zu Heilerde und gekochten Amaranth geben, um den Magen zu beruhigen.

◆ Wenn ein alter Hund starke Verdauungsprobleme hat, dürfen Sie das Futter auch kurz gekocht servieren.

═══ PRAXISTIPP ═══

Alterserscheinung oder Krankheit? Gehen Sie mit Ihrem alten Hund am besten einmal im Jahr zu einem sogenannten Alterscheck zum Tierarzt. So lassen sich altersbedingte Erkrankungen bzw. Einschränkungen wie Arthrose, Schilddrüsenunter- oder überfunktion, Leber- und Bauchspeicheldrüsenprobleme sowie Nierenerkrankungen frühzeitig erkennen und entsprechend behandeln.

Im Alter ist manchmal Schonkost angesagt: Auf zwei bis drei Mahlzeiten verteilt, ist das Futter bekömmlicher.

BARF FÜR KRANKE HUNDE

Ihr Hund leidet unter einer Allergie, hat immer wieder Darminfektionen, oder die Arthrose macht ihm zu schaffen? Vielleicht wurde sogar eine schwere Krankheit wie Krebs oder Störungen der Leber festgestellt. In diesen Fällen können Sie den Heilungsprozess mit BARF unterstützen.

Wenn Ihr Hund unter einer Allergie, einer Krankheit oder unter altersbedingten Beschwerden leidet, ist der Besuch beim Tierarzt oder Tierheilpraktiker unumgänglich – schon, um eine genaue Diagnose zu stellen und eine notwendige Behandlung einzuleiten. Die Umstellung der Ernährung auf Rohfütterung oder die Anpassung der Rohfütterung an eventuell veränderte Bedürfnisse des Hundes tut dann ein Übriges, um seinen Organismus zu entlasten.

Allergien und Futtermittelunverträglichkeiten

Allergien und Futtermittelunverträglichkeiten sind der häufigste Grund, warum die Ernährung des Hundes zum Thema wird. Unter Allergien versteht man Überempfindlichkeitsreaktionen des Immunsystems auf bestimmte Substanzen, gegen die der Körper Antikörper bildet. Als Futtermittelunverträglichkeit bezeichnet man dagegen Reaktionen auf verschiedene Bestandteile von Futtermitteln, die von Verdauungsstörungen wie Durchfall bis zu Vergiftungssymptomen reichen können. In beiden Fällen können unter anderem folgende Symptome auftreten:

- Juckreiz an einzelnen Körperstellen oder am ganzen Körper
- Lecken bestimmter Körperteile, z.B. der Pfoten
- Kauen an verschiedenen Körperteilen
- Entzündungen
- Durchfall
- schlechte Verdauung
- stumpfes, schuppendes Fell
- Hautprobleme
- hartnäckige Entzündungen der Ohren
- Verstopfung der Analdrüsen
- Unruhe

Allergien bzw. Unverträglichkeiten haben ganz verschiedene Auslöser. Manche Rassen und weiße Hunde scheinen jedoch grundsätzlich anfälliger zu sein.

Bei Allergien muss man zudem zwischen Nahrungsmittelallergien und Allergien, die von äußeren Faktoren wie Pollen, Hausstaub

Der Kot der sogenannten Futtermilbe sowie Getreide stehen bei der Suche nach Allergieauslösern ganz oben.

etc. ausgelöst werden, unterscheiden. Oft entwickeln jedoch Hunde, die gegen äußere Einflüsse allergisch sind, auch Nahrungsmittelallergien. Zu den häufigsten Auslösern zählen Getreide, Stärke, Milcheiweiß, Nüsse, Hülsenfrüchte, Konservierungsstoffe, Insektizide, Putzmittel, Milben, Gräser und Pollen.

ALLERGIETESTS

Weil jedes Futtermittel zu einer Allergie führen kann, können in den Tests nur die gängigsten Auslöser geprüft werden. Die wirkliche Ursache zu finden, ist sehr schwierig.

Vor einem Allergietest sollte der Hund unbedingt auf Parasiten- und Milbenbefall sowie Infektionen untersucht werden. Denn auch sie können ähnliche Symptome wie Allergien – zum Beispiel Kratzen und Belecken der Haut – auslösen. Am häufigsten führt der Tierarzt einen der beiden folgenden Tests durch:

◆ Beim Intrakutan- oder Hauttest wird ein kleines Stück Haut freigeschoren, und der Arzt spritzt die zu testenden Allergene unter die Haut. Nach maximal einer halben Stunde zeigt sich, ob der Hund reagiert. In diesem Fall schwillt die Haut an und rötet sich. Weil die Allergenbelastung bei diesem Test relativ hoch ist, kann es jedoch zu falschen positiven Reaktionen kommen.

◆ Beim Bluttest werden eventuell im Blut befindliche Antikörper gemessen. Dazu entnimmt der Tierarzt dem Hund etwas Blut. Bei einer Allergie ist das Immunglobulin E (IgE) erhöht. Ein solcher Test zeigt jedoch nicht, gegen welchen Stoff Ihr Hund allergisch ist. Aber er beweist, ob Ihr Hund tatsächlich allergisch reagiert oder ob die Symptome eine andere Ursache haben.

Unter den Futtermittelallergien ist die Futtermilbenallergie die häufigste. In diesem Fall reagiert der Hund allergisch auf den Kot der sogenannten Futtermilbe. In der Folge dürfen Sie ihn nicht mehr mit getrockneten Nahrungsmitteln wie Trockenfutter, getrockneten Gemüseflocken und auch Kauartikeln füttern. Dass das oft empfohlene Einfrieren der Nahrung das Problem behebt, halte ich für wenig realistisch, da durch das Einfrieren zwar die Milben abgetötet werden, der Kot aber nach wie vor vorhanden ist.

Typische Symptome von Allergien wie Kratzen und Belecken der Haut können auch psychische Ursachen haben oder erlernt sein. Der Hund lernt, dass er Aufmerksamkeit bekommt, wenn er sich kratzt. Ob positiv – streicheln oder beruhigen – oder negativ – schimpfen –, spielt hierbei keine Rolle.

HILFREICH: EIN FUTTERTAGEBUCH

Abgesehen von den Tests durch den Tierarzt macht es bei Futtermittelallergien bzw. -unverträglichkeiten Sinn, ein Futtertagebuch zu

führen, um dem Auslöser auf die Spur zu kommen. Ein Beispiel zeigt die Tabelle unten. Die Punkte Wetter und Aktivität sind in diesem Fall interessant, da es bei manchen Hunden auch bei besonderer Aufregung – etwa einem Gewitter – zu Durchfall kommen kann. Auch bei Hunden, die eine Allergie gegen Pollen haben, spielt das Wetter eine wichtige Rolle und dient zur Überprüfung der Reaktion. Unter »Bemerkungen« können Sie z.B. einen Spaziergang an einem besonderen Ort vermerken, vielleicht ist Ihr Hund allergisch gegen bestimmte Pflanzen an diesem

FUTTERTAGEBUCH

DATUM	29.4.	30.4.	1.5.	2.5.	3.5.	4.5.	5.5.	6.5.
Futter								
Morgens	Rind	Huhn	Rind	Fisch	Rind	Huhn	Fasten	Rind
Mittags	-	-	-	-	-	-		-
Abends	Rind	Huhn	Rind	Fisch	Rind	Huhn		Rind
Trinken	normal	normal	normal	normal	normal	normal	normal	normal
Belohnungen	-	5	7	3	5	5	-	3
Kot	fest	breiig	fest	fest	fest	breiig	fest	fest
Wie häufig?	2 x	3 x	2 x	2 x	2 x	4 x	1 x	2 x
Urin	normal	normal	normal	normal	normal	normal	normal	normal
Blähungen	nein	ja	nein	nein	nein	ja	nein	nein
Erbrechen	nein	nein	nein	nein	nein	nein	nein	nein
Aktivität	Hunde-training	-	-	-	Hunde-training	-	-	-
Wetter	Sonne	Gewitter	Sonne	Regen	Sonne	Sonne	Regen	Sonne
Bemerkungen	-	Spaziergang am See	-	Wanderung	-	Hunde-sitter	-	-

Platz. In dieser Rubrik können Sie auch notieren, wenn etwa eine andere Person auf Ihren Hund aufgepasst hat – und ihm vielleicht Leckerlis gegeben hat, die er nicht verträgt.

Die Ausschlussdiät

Ein hilfreiches Verfahren, um dem Auslöser einer Allergie auf die Spur zu kommen, ist die sogenannte Ausschlussdiät. Während der Diät bekommt Ihr Hund nur eine Fleischart, bevorzugt eine, die er noch nie gefressen hat. Das könnte z.B. Fleisch vom Pferd, von der Ziege oder von Wild sein. Zusätzlich können Sie eine pflanzliche Komponente füttern. Sehr gut geeignet ist gekochte Süßkartoffel, weil der Hund sie meist noch nie gefressen hat. Diese beiden Komponenten füttern Sie konsequent über einen Zeitraum von mindestens sechs Wochen. Sollte Ihr Hund nicht reagieren, beides also gut vertragen, nehmen Sie die nächste Komponente z.B. Kalziumcit-

---

> **PRAXISTIPP**
>
> Für die Ausschlussdiät können Sie Belohnungs-Leckerlis selbst herstellen, indem Sie Fleisch der ausgesuchten Tierart im Backofen trocknen. Legen Sie klein geschnittene Fleischstückchen auf ein mit Backpapier ausgelegtes Blech und trocknen Sie sie bei 40–80 °C etwa 8 Stunden. Lassen Sie die Ofentür etwas geöffnet, so zieht die im Fleisch enthaltene Feuchtigkeit besser ab und das Trocknen wird beschleunigt.

---

rat hinzu. Wichtig ist, dass Sie nach Hinzunahme dieser neuen Komponente Ihren Hund ca. zwei bis drei Wochen mit der neuen Kombination – Fleisch, Süßkartoffel und Kalziumcitrat – füttern. So bauen Sie Stück für Stück den Speiseplan ihres Hundes auf und finden heraus, welche Futterkomponenten Ihr Hund verträgt und welche nicht. Sollte Ihr Hund auf eine neue Komponente allergisch reagieren, lassen Sie diese weg. In diesem Fall füttern Sie wieder Komponenten, die er bereits vertragen hat und probieren frühesten zwei Wochen nach Abklingen der Symptome eine neue Futterkomponente aus. Bei dieser Diät ist es wichtig, dass Sie absolut konsequent vorgehen und sich an den Plan halten. Die Tatsache, dass Ihr Hund nicht sofort oder nach wenigen Tagen reagiert sagt noch nicht aus, dass er diese Futterkomponente tatsächlich verträgt. Man unterscheidet bei Allergien zwischen der Sofortreaktion (Typ-I-Allergie) und Spätreaktion (Typ-II-Allergie). Bei der Spätreaktion muss erst genügend des allergieauslösenden Stoffes im Körper sein, damit er reagiert. Wichtig: Auch Belohnungs-Leckerlis dürfen in dieser Zeit nur von der ausgewählten Tierart stammen. Am besten stellen Sie sie selbst her (→ Tipp).

SINGLE-PROTEIN-MAHLZEIT

Das BARF-Prinzip ist für die Ausschlussdiät ideal, weil Sie nur reine Komponenten verwenden. Ein Beispiel-Rezept mit nur einer Proteinart finden Sie auf der Seite rechts. Bitte prüfen Sie, ob auch Ihr Hund die Zutaten verträgt, sonst tauschen sie sie gegen Komponenten aus, die Ihrem Hund bekommen.

Für den allergischen Hund: Ziegenallerlei

Ziegenfleisch wird in der Regel gut von Hunden vertragen, die an einer Allergie leiden. Es ist deshalb für solche Hunde ideal.

Tagesration für einen 20 kg schweren Hund

ZUTATEN

300 g Ziegenfleisch
30 g Ziegenherz oder -niere
20 g Ziegenleber
50 g Fleischknochen von der Ziege
100 g Süßkartoffel
½ TL Leinöl
4,7 g Kalziumcitrat (nur wenn Sie keine Fleischknochen von der Ziege füttern)

ZUBEREITUNG

Schneiden Sie das Fleisch, Innereien und Knochen in maulgerechte Stückchen, und geben Sie diese in den Napf. Schälen Sie die Süßkartoffel, und kochen Sie sie ca. 20 Minu-ten, bis sie weich ist. Zerdrücken Sie die Kartoffel und geben Sie sie in den Napf zum Fleisch. Zum Schluss geben Sie das Öl darüber. Anschließend alles gut vermischen.

===== TIPP =====

Wenn Sie keine Knochen von der Ziege bekommen oder nicht füttern möchten, erhöhen Sie einfach die angegebene Fleischmenge um 60 g. Als Kalzium-supplement sollten Sie in diesem Fall Kalziumcitrat verwenden. Allergische Hunde vertragen es in der Regel gut.

Giardien-Infektion

In letzter Zeit häufen sich Infektionen mit Giardien. Vor allen bei Welpen ist die Zahl der Erkrankungen rapide angestiegen. Giardien sind mikroskopisch kleine Durchfallerreger, die den Darm befallen. Es handelt sich um Einzeller aus der Gattung der Geißeltierchen. Einmal in den Körper des Wirts eingedrungen, unterscheidet man zwei Entwicklungsformen: Trophozoiten und Zysten. Trophozoiten sind die aktive Form des Erregers. Nur diese Form pflanzt sich durch Teilung fort. Sie haften sich an die Oberfläche des Dünndarms und ernähren sich von der kohlenhydratreichen Nahrung des Wirts. Trophozoiten vermehren sich millionenfach auf der Oberfläche der Darmschleimhaut und können diese zerstören. Bei einer Behandlung ist deshalb der gleichzeitige Aufbau der Darmflora wichtig (→ Tipp).

Zysten sind die extrem widerstandsfähige Dauerform der Giardien. Trophozoiten und Zysten können sich jeweils ineinander umwandeln. Um andere Lebewesen befallen zu können, umgeben sich die Trophozoiten mit einer schützenden Hülle und werden so zur Zyste. Diese werden mit dem Kot zu Hunderttausenden ausgeschieden und sind sofort infektiös. Bereits zehn Zysten reichen als Infektionsdosis aus. Im Körper des Wirts wandeln sie sich wieder in Trophozoiten um.

Eine Giardien-Infektion ist schwer zu erkennen und lässt sich nur durch einen Test beim Tierarzt nachweisen. Dazu sammelt man über zwei bis drei Tage kleine Kotproben, denn der Hund scheidet nicht unbedingt bei jedem Stuhlabsatz Giardienzysten aus. Hunde können Zysten über kontaminiertes Futter oder Wasser aufnehmen. Auch eine Schmierinfektion ist möglich. Bei der typischen Hundebegrüßung – Nase am Po des anderen Hundes – können sie sich also direkt anstecken. Ein infizierter Hund scheidet Zysten in großen Mengen aus, und das mitunter über einen Zeitraum von mehreren Wochen. Die Zysten bleiben zudem in der Umwelt mehrere Wochen bis Monate infektiös. Ihr Hund sollte deshalb im Falle einer Erkrankung keinen Kontakt zu anderen Hunden haben, da Ansteckungsgefahr besteht. Weil Giardien auch auf den Menschen übertragen werden können, ist außerdem eine penible Handhygiene sowie eine akribische Reinigung des Umfeld des Hundes oberstes Gebot.

SYMPTOME FÜR EINE INFEKTION

Bei erwachsenen Tieren verläuft eine Infektion oft symptomlos. In erster Linie zeigen

---

═══ PRAXISTIPP ═══

Generell wird bei der Therapie einer Giardien-Infektion begleitend der Aufbau bzw. die Unterstützung der Darmflora dringend empfohlen, um die Infektion schneller in den Griff zu bekommen bzw. eine Neuinfektion möglichst zu verhindern. Zur Sanierung der Darmflora empfiehlt es sich, regelmäßig Pansen zu füttern und dem Hund außerdem öfter eine Portion Joghurt oder Buttermilch mit lebenden Joghurtkulturen zu geben.

Vorsicht: Giardien nisten sich gern in Pfützen mit altem, abgestandem Wasser ein. Kommt es zur Infektion, ist Hygiene oberstes Gebot.

Welpen und alte Hunde sind besonders häufig von Giardien-Infektionen betroffen. Neben der Behandlung durch den Tierarzt hilft die Förderung der Darmflora.

Welpen und ältere Tiere Symptome sowie Hunde, deren Immunsystem durch eine andere Erkrankung geschwächt ist. Oft treten bei starkem Befall akute oder chronische breiige bis dünnflüssige, wechselnde Durchfälle auf. Diese können hellgelb sein und haben oft einen penetranten Geruch. Häufig sind sie auch mit Schleim oder Blut durchsetzt. Allerdings gibt es immer wieder Phasen, in denen der Kotabsatz normal geformt erscheint. Auch Erbrechen oder Fieber, Juckreiz, Ekzeme, Gelenkschmerzen und chronische Verdauungsstörungen können Hinweise auf eine Infektion mit Giardien sein.

Dass Jungtiere infiziert sind, zeigt sich oft daran, dass ihr Wachstum stagniert. Die Tiere verlieren dann Gewicht, obwohl sie mit großem Appetit fressen.

BARFEN BEI GIARDIEN-INFEKTION

Neben der Behandlung durch den Tierarzt ist bei einer Infektion eine Umstellung auf Rohfutter fast unumgänglich. Denn weil sich Giardien in erster Linie von Kohlenhydraten im Darm ernähren, sollte man möglichst ganz auf Kohlenhydrate verzichten. Reis, Kartoffeln, Nudeln, süßes Obst usw. sind tabu. Füttern Sie ausschließlich Fleisch und flavonoidhaltige Obst-, Gemüse- und Kräuterarten, denn Giardien reagieren empfindlich auf Flavonoide. Wählen Sie deshalb besser grüne Blattsalate, Äpfel, Beeren, Petersilie, Nüsse, Sellerie und Kräuter wie Melisse, Salbei und Minze. Durch die Futterumstellung wird den Giardien die Nahrungsgrundlage entzogen, und sie vermehren sich deutlich langsamer.

Ältere Hunde leiden häufiger an einer Unterfunktion der Schilddrüse.

Schilddrüsenerkrankungen

Die Schilddrüse ist für die Bildung der Schilddrüsenhormone Trijodthyronin (T3) und Tetrajodthyronin (T4) verantwortlich. Gesteuert wird ihre Ausschüttung durch das schilddrüsenstimulierende Hormon (TSH) und das Thyreotropin Releasing Hormon (TRH). Die Hormone T3 und T4 steuern den Stoffwechsel und den Energieumsatz des Tiers sowie den Abbau von Fetten und Kohlenhydraten. Auch Wachstum und Entwicklung, die Aktivität der Muskeln, des Verdauungstrakts und vieles mehr werden von der Schilddrüse beeinflusst.

Erkrankungen der Schilddrüse sind bei Hunden ein weit verbreitetes Problem. Insbesondere kastrierte Tiere sind betroffen. Eine Überfunktion ist bei Hunden eher selten, sie kann auch auf ein Tumorgeschehen hinweisen. Deutlich häufiger kommt dagegen eine Schilddrüsenunterfunktion vor.

DAS WEIST AUF EINE UNTER-FUNKTION HIN

Leider gibt es keine eindeutigen Symptome für die Unterfunktion der Schilddrüse. Sie beginnt schleichend und meistens im mittleren Lebensalter. Vielleicht will sich Ihr Hund weniger bewegen, doch dies könnte auch am Alter liegen. Auch Symptome wie schlechtes Haarkleid, Haarausfall ohne Juckreiz, Haut- und Ohrinfektionen, Gewichtszunahme, Herzprobleme, Lahmheiten usw. können Anzeichen für eine Unterfunktion der Schilddrüse sein, aber auch für andere Erkrankungen. Dies macht es schwierig, die Krankheit zu erkennen. Häufig sind mittelgroße bis große Rassen betroffen. Airedale Terrier, Golden und Labrador Retriever, Dobermann, Boxer sowie Riesenschnauzer zeigen eine Veranlagung zur Schilddrüsenunterfunktion. Sobald Sie den Verdacht haben, dass etwas mit der Schilddrüse Ihres Hundes nicht stimmt, sollten Sie dies beim Tierarzt oder Tierheilpraktiker abklären lassen. Wenn Sie planen, in der nächsten Zeit ein Blutbild erstellen zu lassen, bitten Sie ihn, auch die Werte der Schilddrüsenhormone T4 und TSH bestimmen zu lassen. Sie geben Auskunft über die Funktion der Schilddrüse. Eine eventuelle Unterfunktion der Schilddrüse kann gut durch die Zugabe von Schilddrüsenhormonen behandelt werden.

ROHFÜTTERUNG BEI ERKRANKUNGEN DER SCHILDDRÜSE

Grundsätzlich kann auch ein an der Schilddrüse erkrankter Hund wie ein gesunder Hund mit frischem Rohfutter ernährt werden. Bei einer Schilddrüsenunterfunktion sollte man auf eine ausreichende Jodzufuhr achten. Lassen Sie sich dazu unbedingt beraten. Im Falle einer Schilddrüsenüberfunktion ist es wichtig, darauf zu achten, keine Teile aus dem Bereich der Schilddrüse des Futtertiers zu verwenden. Denn es ist davon auszugehen, dass solches Gewebe Schilddrüsenhormone enthält. Geben Sie Ihrem Hund also kein Kehl- und Schlundfleisch sowie Strosse (Luftröhre des Rinds). Da diese Fleischteile nicht unbedingt Bestand des Speiseplans sind, können Sie gut darauf verzichten, ohne dass Ihrem Hund wichtige Nährstoffe fehlen.

Die Unterfunktion der Schilddrüse lässt sich gut behandeln, und so bleibt der Hund bis ins hohe Alter fit und aktiv.

Kräuter können, neben einer guten Ernährung, die Therapie von krebskranken Hunden unterstützen.

Tumorerkrankungen (Krebs)

Verschiedenste Tumorerkrankungen sind bei Hunden mittlerweile keine Seltenheit mehr. Insbesondere ältere Tiere sind betroffen, weil ihr Immunsystem oft nicht mehr so gut funktioniert. Aber auch jüngere Hunde kann es treffen. Diagnostiziert werden solche Erkrankungen in der Regel durch den Tierarzt. Sollte bei Ihrem Hund die Diagnose gestellt werden, ist dies natürlich ein Schock. Doch Sie werden überrascht sein, was Sie mit einer guten Zusammenarbeit von Tierarzt oder Tierheilpraktiker und Ernährungsberater für

das Wohlbefinden Ihres Hundes tun können. Schulmedizinisch werden Tumorerkrankungen in der Regel chirurgisch oder mit verschiedenen Therapien wie Chemotherapie oder durch die Gabe von Kortison behandelt. In der Tierheilpraktik kommen verschiedene naturkundliche Verfahren wie kohlenhydratfreie Ernährung, Misteltherapie, Akupunktur oder Homöopathie zum Einsatz.

Egal, ob Sie sich für den schulmedizinischen oder naturheilkundlichen Ansatz entscheiden: Durch die Umstellung der Fütterung und den sinnvollen Einsatz verschiedener Nahrungsergänzungsmittel können Sie einen positiven Einfluss auf den Gesundheitszustand Ihres Hundes nehmen. So ist es in manchen Fällen möglich, das Tumorwachstum zu verlangsamen und manchmal sogar zum Stillstand zu bringen.

Der Begriff Krebs wird im Volksmund als Bezeichnung für bösartige Tumoren verwendet. Krebs entsteht durch die Entartung von körpereigenen Zellen. Normalerweise erkennt ein gesundes Immunsystem diese Krebszellen und beginnt sofort damit, sie zu vernichten. Ist das Immunsystem in seiner Funktion eingeschränkt, kann es diese Zellen nicht mehr entsprechend bekämpfen, und es kommt zum unkontrollierten Wachstum dieser Zellen und damit zur Ausbreitung des Krebses. Tumorzellen wachsen unkontrolliert und vermehren sich schneller als normale Zellen. Sie bringen Gefäßzellen dazu, Blutgefäße neu zu bilden, um den Tumor mit für sein Wachstum wichtigen Nährstoffen zu versorgen. Weil Tumorzellen Blut- oder Lymphbahnen durchdringen und sich an anderer Stelle weiter vermehren können, kommt es zur Bildung von Metastasen. Die Auslöser für Tumorerkrankungen sind vielfältig. Zu den häufigsten Ursachen zählen vermutlich Umwelteinflüsse, Ernährung, Gifte, Viren, Schimmelpilze, die genetische Veranlagung sowie Übergewicht. Ebenso scheinen entzündliche Prozesse im Körper des Hundes eine große Rolle zu spielen.

Zu den häufigsten Tumorerkrankungen bei Hunden zählen unter anderem Tumoren des Lymphgewebes, Knochenkrebs, Mastzelltumore, Mammatumoren und Sarkome.

In der Ernährung mit frischem, rohem Futter ist es allerdings nicht notwendig, zwischen den Tumorarten im Besonderen zu unterscheiden, es sei denn, Ihr Hund leidet z.B. an Tumoren an der Leber. Dann ist es selbstverständlich angeraten, die Leber im Rahmen der Ernährung besonders zu unterstützen.

Gutartige Tumoren

Gutartige Tumoren wie z. B. Fettgeschwulste werden häufig diagnostiziert und sind in der Regel kein Grund zur Sorge, da sie selten das umliegende Gewebe befallen. Manchmal müssen sie allerdings chirurgisch entfernt werden, z.B. wenn sie sich an einer ungünstigen Körperstelle befinden und den Hund beeinträchtigen.

WARUM DIE FUTTERUMSTELLUNG SINN MACHT

Hunde sind sehr gut in der Lage, die Energie, die sie benötigen, aus Fett und Eiweiß, also aus Fleisch, zu beziehen.

Krebszellen ernähren sich hauptsächlich von Kohlenhydraten wie Zucker und können im Gegensatz zu gesunden Körperzellen Glukose (Traubenzucker) sehr gut aufnehmen. Fett und Proteine dagegen können Tumorzellen nur schlecht verwerten, besonders die essenziellen Fettsäuren wie EPA und DHA (→ Seite 28). Da Tumoren dem Körper Energie und Nährstoffe zu ihrem eigenen Wachstum entziehen, kommt es zum Abbau von Muskeleiweiß, erhöhter Verbrennung von Fett und

═══ AUF EINEN BLICK ═══

KOMPONENTE	LIEFERT/UNTERSTÜTZT
Fleisch und Fisch	Füttern Sie v. a. leicht verdauliches helles Fleisch wie Geflügel und Kaninchen sowie Fisch. Erhöhen Sie evtl. den Fettanteil. Verzichten Sie auf Getreide.
Obst und Gemüse	Brokkoli, Karotten, grünes Blattgemüse etc. liefern Vitamine sowie die Spurenelemente Selen und Zink. Papaya ist besonders enzymreich.
Öle	Lein-, Hanf- und Walnussöl sowie Lachsöl liefern essenzielle Omega-3-Fettsäure.
Kräuter	Spezielle Kräuter unterstützen die Organe und helfen bei der Krebsbekämpfung. Fragen Sie einen Experten um Rat.
Heil-Pilze	Reishi, Shiitake und Cordyceps wirken stark immunstimulierend.
Nahrungsergänzungsmittel	Präparate, die Vitamin C und E, Carotinoide sowie Selen, Zink, das Coenzym Q10b und das Enzym MSM liefern.

damit einhergehend häufig zu Gewichtsverlust und Störungen des Immunsystems. Um das Tumorwachstum zu verlangsamen und gleichzeitig den Hund optimal mit allen benötigten Nährstoffen zu versorgen, ist die Fütterung mit frischem Rohfutter die Methode der ersten Wahl. Außerdem haben Sie durch das Barfen die Möglichkeit, das Immunsystem Ihres Hundes zu unterstützen.

Die Ernährung eines krebskranken Hundes

Wenn Sie Ihren an Krebs erkrankten Hund durch die BARF-Methode unterstützen wollen, verzichten Sie bei der Fütterung auf Getreide und stärkehaltige Nahrungsmittel wie Kartoffeln, Reis, Teigwaren usw. Stattdessen füttern Sie, wie beim Barfen üblich, hochwertige Eiweiße. Dadurch ist Ihr Hund in der Lage, mit möglichst wenig Energieaufwand die Nahrung zu verdauen.

Geben Sie Ihrem Hund in erster Linie helles Fleisch wie Geflügel, Kaninchen und Fisch,

da er diese Eiweißquellen leichter verwerten kann. Rotes Fleisch wie etwa vom Rind oder Pferd sind dagegen etwas schwerer verdaulich. Da bei an Krebs erkrankten Hunden der Fettstoffwechsel gestört ist, sollten Sie auf einen ausreichenden Fettanteil achten und eventuell zusätzlich tierische Fette wie Rinder- oder Hähnchenfett geben. Achten Sie auch darauf, ausreichend Leber zu füttern, um Ihren Hund optimal mit Vitaminen und Mineralstoffen zu versorgen.

Auch die hier aufgeführten weiteren Futterbestandteile sind bei Krebs zu empfehlen:

◆ Gemüse wie Brokkoli, weiße Rüben, Karotten und grünes Blattgemüse wie Mangold, Spinat und Kräuter wie Brunnenkresse und Petersilie.
◆ Obst wie Papaya, Äpfel, Birnen, Ananas, Mangos, Himbeeren, Heidelbeeren, Brombeeren und Kiwis. Papaya liefert nicht nur reichlich verdauungsfördernde Enzyme, sondern ist auch reich an der für den Hund essenziellen Aminosäure Arginin.
◆ Milchprodukte wie körniger Frischkäse und Naturjoghurt.
◆ Öle wie Leinsamenöl und Lachsöl. Geben Sie bis zu 5 ml pro 10 kg Körpergewicht und Tag, wenn Ihr Hund diese Menge gut verträgt und nicht mit Durchfall reagiert.
◆ Manche Kräuter haben eine antikarzinogene, also krebshemmende Wirkung. Einige Beispiele sind Löwenzahnwurzel, kleiner Sauerampfer, Krauser Ampfer, Rotklee, Klettenlabkraut und Brunnenkresse. Präparate mit Wirkstoffen aus Rinde und Stamm der Katzenkralle (Uncaria tomentosa) wirken ebenfalls krebshemmend und stimulieren das Immunsystem (→ Tipp).

PRAXISTIPP

Kräuter können bei Krebs unterstützend wirken, manche können aber auch unerwünschte Wirkungen haben. Setzen Sie Kräuter deshalb unbedingt nur unter Anleitung eines kräuterkundigen Tierheilpraktikers oder Tierarztes ein. Nur sie können entscheiden, welche Kräuter in welcher Form und welcher Dosierung speziell für Ihren kranken Hund geeignet sind.

Beeren-Booster

Weil krebskranke Hunde von manchen Vitaminen und Fettsäuren mehr brauchen als gesunde, enthält dieses Rezept einen großzügigeren Anteil an Leber und Öl.

Tagesration für einen 20 kg schweren Hund

ZUTATEN

150 g Hähnchenfleisch
50 g Hähnchenleber
200 g norwegischer Wildlachs
1 EL Speisequark
50 g Himbeeren
50 g Brombeeren
1 EL Leinöl, wenn der Hund die Menge verträgt
4,7 g Kalziumcitrat oder 5 g Fleischknochenmehl oder 2,6 g Eierschalenpulver

ZUBEREITUNG

Schneiden Sie Fleisch, Leber und Fisch in gulaschgroße Stücke, und geben Sie diese in den Napf. Die Himbeeren und Brombeeren waschen, mit dem Pürierstab zerkleinern und mit dem Fleisch mischen. Damit die wichtigen Fettsäuren des Leinöls vom Körper besser aufgenommen werden, ergänzen Sie die Mahlzeit um einen Esslöffel Speisequark.

=== TIPP ===

Spirulina enthält Proteine, Mineralien sowie Phycocyanin, das das Wachstum von Krebszellen mindern soll. Geben Sie es bei kranken Tieren nach Angaben auf der Packung zum Futter.

Bewegungsfreude: Artgerechte Ernährung sorgt dafür, dass die Gelenke viele Jahre gesund bleiben.

Erkrankungen des Gelenkapparats

Den Gelenken kommt die wichtige Aufgabe zu, Knochen miteinander zu verbinden und die Beweglichkeit sicherzustellen. Doch viele Hunde leiden heute unter diversen Gelenkserkrankungen wie Arthrose, Arthritis, Hüft- oder Ellbogendysplasie etc. Die Ursachen sind vielfältig. Neben bestimmten Rassen mit genetischen Veranlagungen sind meist große, schwere Hunde wie Berner Sennenhunde oder Doggen betroffen. Ebenso können Unfälle, Überbelastung – beispielsweise durch zu viel Bewegung – sowie altersbedingte Abnutzungserscheinungen zu Problemen am Bewegungsapparat führen.

Unter Arthritis versteht man Entzündungen in den Gelenken. Bei der Arthrose handelt es sich dagegen um Verletzungen und Verschleiß der Gelenke, auch als Folge von Arthritis kann Arthrose auftreten. Auch die Hüftgelenksdysplasie, bei der Gelenkteile aneinanderreiben, kann zu Arthrose führen.

ROHFÜTTERUNG HILFT

Häufige Auslöser für die meisten Gelenkserkrankungen sind Gewicht und Ernährung. Als Erstes sollten Sie deshalb prüfen, ob Ihr Hund übergewichtig ist, und, falls nötig, sein Gewicht reduzieren.

Sehr zu empfehlen ist die Umstellung auf frisches Rohfutter: Zum einen kann es beim Abnehmen helfen, weil Sie kalorienarme Komponenten wählen können. Zum anderen ist die Rohfütterung frei von Getreide, das in vielen Fertigfuttern enthalten ist. Getreide wird jedoch bei der Entstehung und Verschlechterung von Gelenkserkrankungen eine zentrale Rolle zugeschrieben.

Sie werden überrascht sein, wie sich die Beweglichkeit Ihres Hundes verbessert und Symptome wie Lahmheit und Steifheit deutlich abnehmen. Die im frischen rohen Futter enthaltenen Nährstoffe versorgen die Gelenke Ihres Hundes optimal und wirken Entzündungen entgegen. In der Folge werden Schmerzen und Symptome gelindert. Einzig die Gabe von Milchprodukten sollten Sie einschränken, da sich deren Inhaltsstoffe negativ auf entzündliche Prozesse auswirken können.

DAS LINDERT GELENKBESCHWERDEN

Es stehen einige sinnvolle natürliche Nahrungsergänzungsmittel zur Verfügung, die helfen, Beschwerden und Ursachen von Gelenkserkrankungen bei Hunden zu lindern:

- Grünlippmuschelmehl, Knorpel vom Rind und Kollagenhydrosolat-Präparate nähren die Gelenke und unterstützen die Regeneration von Knorpelgewebe. Grünlippmuschelmehl sollte man längerfristig geben.
- Teufelskralle, Hagebuttenschalen, Methylsulfonylmethan (MSM), Omega-3-Fettsäuren (z. B. im Lachsöl), Brennnessel und Ingwer wirken entzündungshemmend.
- Weidenrinde, Mädesüß und MSM-Präparate lindern Schmerzen.

Welche Mittel für Ihren Hund geeignet sind, besprechen Sie am besten mit einem naturheilkundlich orientierten Tierarzt oder Tierheilpraktiker. Die Dosis entnehmen Sie bitte den jeweiligen Angaben auf der Verpackung, da die Einnahme von verschiedenen Faktoren wie Gewicht und Erkrankungsgrad Ihres Hundes abhängt und jedes Präparat eine andere Menge an Wirkstoffen enthält.

Die richtige Ernährung kann helfen, wenn die Gelenke schmerzen – nicht zuletzt, weil sie beim Abnehmen hilft.

Lebererkrankungen

Störungen der Leberfunktion sind immer ernst zu nehmende Erkrankungen und bedürfen unbedingt der Behandlung durch einen Tierarzt oder Tierheilpraktiker. Lebererkrankungen sind bei Hunden relativ häufig und werden oft erst sehr spät entdeckt. Das hängt sicherlich mit der ausgeprägten Regenerationsfähigkeit der Leber zusammen. Erkrankungen, die beispielsweise durch Viren, Bakterien, Parasiten, Gifte oder Medikamente ausgelöst werden, führen zu einer Entzündung der Leber, die man als Hepatitis bezeichnet. Aber auch Tumorerkrankungen können an einer Störung der Leberfunktion beteiligt sein.

Hinweise auf eine Beeinträchtigung der Leberfunktion können sehr unspezifische Symptome sein wie Übelkeit, Erbrechen, mangelnder Appetit, manchmal heller oder gelb gefärbter Kot sowie Durchfälle, vermehrte Empfindlichkeit gegen Parasitenbefall, Haut- und Fellprobleme oder Neigung zu Verstopfungen der Analdrüsen.

Sollten Sie den Verdacht einer Lebererkrankung bei Ihrem Hund haben, lassen Sie ihn unbedingt so schnell wie möglich von einem Tierarzt untersuchen.

BEI DER FÜTTERUNG BEACHTEN

Die erste und wichtigste Maßnahme beim Verdacht auf eine Lebererkrankung ist es, die Leber zu entlasten. In akuten Phasen einer Leberentzündung sollten Sie Ihren Hund unbedingt fasten lassen oder ihn zumindest mit sehr flüssiger Nahrung füttern, um die Verdauungsorgane zu entlasten. Dazu können Sie das Fleisch ausnahmsweise kochen und dann fein pürieren. Besonders geeignet zur Fütterung sind Huhn und Pute sowie Fisch und Eier. Als Gemüse sind Rote Bete, Spinat und grüne Salate zu empfehlen. Beispiele für Rezepte finden Sie auf Seite 116.

Folgende Maßnahmen sind bei der Fütterung von leberkranken Hunden sinnvoll:

- Füttern Sie mehrmals am Tag mit kleinen Portionen, das schont die Leber.
- Verzichten Sie auf sehr fettiges und auf rotes Fleisch sowie auf Knochen und Knochenmehl.
- Reduzieren Sie die Fleischmenge um 10 %, geben Sie stattdessen körnigen Frischkäse.
- Füttern Sie hochwertige Omega-3-Fettsäuren. Sie sind z. B. in Fischölen enthalten.
- Mischen Sie zwei- bis dreimal pro Woche ein rohes Eigelb ins Futter. So wird der Hund ausreichend mit Zink versorgt.

Hilfreich bei Lebererkrankungen sind außerdem homöopathische Mittel wie Hepar compositum N und Ubichinon compositum sowie Präparate wie Coenzyme compositum. Sie unterstützen die Leber und können vom Therapeuten gespritzt oder dem Futter zugesetzt werden. Auch Flor de Piedra D3 ist ein sanftes homöopathisches Mittel und kann bis zur Besserung der Beschwerden mehrmals täglich verabreicht werden. Ebenso bietet die Phytotherapie eine ganze Reihe Kräuter, die die Leber unterstützen und zu einem schnelleren Abklingen der Symptome verhelfen. Beispiele sind Mariendistel, Alfalfa, Schöllkraut, Löwenzahn, Gelbwurzel und Große Klette. Fragen Sie unbedingt einen kräuterkundigen Tierheilpraktiker um Rat.

*Teilnahmslos und matt? Funktioniert die Bauchspei-
cheldrüse nicht mehr richtig, ist der Gang zum Tierarzt
überlebenswichtig.*

*Ist der Hund an der Leber erkrankt, hilft neben der Be-
handlung durch den Tierarzt eine fettarme, reduzierte
Kost in kleinen Portionen über den Tag verteilt.*

Bauchspeicheldrüsen-erkrankungen

Grundsätzlich handelt es sich bei Erkrankungen der Bauchspeicheldrüse um sehr ernste
und je nach Schwere tödliche Krankheiten,
die unbedingt von einem Tierarzt behandelt
werden müssen. Naturheilkundliche Therapi-
en und die artgerechte Rohfütterung können
den Krankheitsverlauf lediglich positiv beeinflussen.

Bei einer akuten und chronischen Entzündung der Bauchspeicheldrüse (Pankreatitis)
verdaut sich die Bauchspeicheldrüse selbst.
Die Symptome sind zunächst unspezifisch,
Beispiele sind Verhaltensänderungen, Erbrechen, Gewichtsverlust, Bauchschmerzen,
schaumiger, gelblicher Stuhl oder Durchfall.

Nachgewiesen werden kann die Erkrankung
nur durch eine Blutanalyse im Labor.

Bei der Pankreasinsuffizienz arbeitet die
Bauchspeicheldrüse nicht mehr richtig. Ver-
dauungssäfte und Hormone wie Insulin werden nur noch unzureichend gebildet. In der
Folge kann es zu Diabetes kommen.

Da bei an Pankreasinsuffizienz erkrankten
Hunden in erster Linie die Verdauung der
Fette gestört ist und sie deshalb abnehmen,
sollte man eine entsprechend erhöhte Futtermenge in mehreren Portionen über den Tag
verteilt geben. Außerdem sollte man auf eine
ausreichende Versorgung mit fettlöslichen
Vitaminen und essenziellen Fettsäuren achten. Den Hundemahlzeiten wird ein Ersatz-
Verdauungsenzym oder frische bzw. aufge-
taute Rinderbauchspeicheldrüse hinzugefügt.

Gut für die Leber

Weil das Fleisch gut zerkleinert und die Rote Bete gekocht wird, ist diese Mahlzeit leicht verdaulich und entlastet die Leber.

Tagesration für einen 20 kg schweren Hund

ZUTATEN

270 g mageres Hähnchenfleisch
80 g Hähncheninnereien wie Herz, Leber und Mägen
50 g Rote Bete
50 g grüner Blattsalat
1 rohes Eigelb
50 g körniger Frischkäse
1 TL Lachsöl
4,7 g Kalziumcitrat oder 2,6 g Eierschalenpulver

ZUBEREITUNG

Schneiden Sie das Fleisch und die Innereien in möglichst kleine Stücke, noch besser drehen Sie es durch den Fleischwolf. Die Rote Bete schälen, kochen und zerstampfen. Den Salat waschen und mit dem Pürierstab fein zerkleinern. Salat und Rote Bete zum Fleisch in den Napf geben. Als Extra geben Sie ein rohes Eigelb zum Futter. Weil die Fleischmenge etwas reduziert wurde, gibt es zusätzlich etwas körnigen Frischkäse. Das entlastet die Verdauung des Hundes und stellt dennoch sicher, dass er ausreichend mit tierischen Proteinen versorgt wird. Zum Schluss das Lachsöl darübergeben und alles gut vermischen.

Feiner Fisch auf Spinat

Fisch bietet hochwertiges Eiweiß, das sehr leicht verdaulich ist – er ist also die perfekte Proteinmahlzeit für den leberkranken Hund.

Tagesration für einen 20 kg schweren Hund

ZUTATEN

350 g Alaska-Seelachs
100 g Blattspinat, gekocht
1 rohes Eigelb
50 g körniger Frischkäse
1 TL Lachsöl
4,7 g Kalziumcitrat oder 2,6 g Eierschalenpulver

ZUBEREITUNG

Schneiden Sie den Fisch in ganz kleine Stücke, und geben Sie diese in den Napf. Den Spinat waschen und ein wenig dünsten, damit er leichter verdaulich ist. Anschließend den Spinat mit dem Pürierstab fein zerkleinern und zum Fisch geben. Als Extra gibt es ein rohes Eigelb und eine Portion körnigen Frischkäse. Zum Schluss das Lachsöl dazugeben und alles gut vermischen.

=== TIPP ===

Chlorella enthält sehr viel Chlorophyll und eignet sich hervorragend zur Entgiftung. Kleine Hunde bekommen einmal täglich ¼ TL, mittelgroße ½ TL, große Hund 1–1½ TL.

Damit Dalmatiner fit und gesund bleiben, ist eine regelmäßige Kontrolle der Harnwerte wichtig.

Die Harnsäureproblematik bei Dalmatinern

Aufgrund eines genetischen Defekts haben Dalmatiner oft Probleme mit den Harnwegen und bilden häufiger Harnsteine als andere Rassen. Dies hängt mit einer Störung des Purinstoffwechsels zusammen. Purine sind wichtige Bausteine der Nukleinsäuren. Während der Mensch Purine zu Harnsäure abbaut und mit dem Urin ausscheidet, wird bei allen anderen Säugetierarten, also auch bei Hunden, die Harnsäure zu einem anderen Endprodukt verstoffwechselt. Hunde und an-

dere Säugetiere scheiden also normalerweise kaum Harnsäure mit dem Urin aus. Bei Dalmatinern ist der Abbau der Harnsäure jedoch häufig gestört, sodass sie täglich etwa zehnmal so viel Harnsäure mit dem Urin ausscheiden wie andere Hunderassen. Folglich leiden sie häufig unter Nieren- und Blasensteinen. Verstopfen diese die Harnwege, kann es zu Entzündungen und Gewebeschäden kommen. Zeigt ein Dalmatiner Schmerzen beim Urinieren oder kann er nicht urinieren, müssen Sie sofort mit ihm zum Tierarzt!

RICHTIGE ERNÄHRUNG HILFT

Purinarme Ernährung und regelmäßige Kontrollen des Urins sind dringend notwendig, um den Purinspiegel gering zu halten und bei Bedarf frühzeitig reagieren zu können. In der Tabelle rechts finden Sie eine Übersicht über den Puringehalt einiger Futtermittel. Zudem sollten Sie Folgendes beachten:

- Auf Futterkomponenten mit hohem Puringehalt wie Haut, Innereien sowie Pansen sollten Sie unbedingt verzichten.
- Verträgt Ihr Dalmatiner Milchprodukte, lässt sich ein Teil des Proteinbedarfs durch sie decken, da Milchprodukte wenig Purin enthalten. Auch Käsestückchen sind – als Leckerchen – für Dalmatiner gut geeignet.
- Weil man auf die Fütterung der vitamin-, aber eben auch purinreichen Leber verzichten muss, gibt man als Ersatz Lebertran.
- Lassen Sie sich wegen der Gaben von Kalziumsupplementen unbedingt beraten, sie können die Bildung von Steinen fördern. Am besten stellen Sie gemeinsam mit einem Ernährungsberater oder Tierheilpraktiker ei-

nen Fütterungsplan für Ihren Hund auf. Ein weiterer wichtiger Faktor in der Ernährung von Dalmatinern ist der Gehalt an Oxalsäure in pflanzlichen Lebensmitteln. Oxalsäure reagiert mit Kalzium und begünstigt die Bildung von Kalziumoxalat-Steinen. Sie ist vor allem in Spinat, grünem Blattgemüse und Mangold enthalten. Kocht man diese Gemüse und gießt das Kochwasser ab, wird der Gehalt an Oxalsäure reduziert.

Mops & Co.: Brachyzephalie

Unter Brachyzephalie versteht man die Kurz- bzw. Rundköpfigkeit einiger Hunderassen. Hauptsächlich betroffen sind Mops, Französische und Englische Bulldogge, Shi-Tzu, Pekinese, Boston Terrier und Boxer.

In erster Linie leiden solche Hunde oft an Problemen mit der Atmung, mittlerweile lässt sich allerdings auch ein Zusammenhang zwischen der Brachyzephalie und Ernährungs- bzw. Verdauungsproblemen herstellen. Laut verschiedenen Studien kommt es bei bis zu 98 % dieser Hunde zu Störungen im Bereich der Verdauung. So sind Blutungen im Darmbereich, chronische Gastritis und Entzündungen der Schleimhaut der Speiseröhre keine Seltenheit. Durch die eingeschränkte Atmung ist vermutlich die Sauerstoffversorgung eingeschränkt, was wiederum das Immunsystem schwächt. Dadurch sind diese Rassen häufiger von Erregern wie Heliobacter und Giardien befallen. Werden deshalb häufig medikamentöse Behandlungen durchgeführt, kommt es verstärkt zu Darmentzündungen und Verdauungsstörungen. Wichtigste Maßnahme ist auch in die-

sem Fall eine Reduktion des Gewichts und die Sanierung des Darms.

Besonders gut eignen sich für diese Hunderassen folgende Futtermittel: Lamm, Kaninchen, Huhn, Kürbis, Karotten, Süßkartoffeln, Pastinake und Sellerie, Paprika (keine grünen), Zucchini, Beeren, Kiwi und Banane. Das Futter darf bei Bedarf und während akuter Entzündungen ruhig gekocht werden, um die Verdaulichkeit zu steigern und den Darm zu entlasten. Bitte verzichten Sie bei akuten Entzündungen auf Knochen und Knorpel, und verwenden Sie stattdessen Kalziumcitrat.

PURIN VERMEIDEN

FUTTER	PURINGEHALT
Fleisch	**niedriger Puringehalt:** Rindfleisch, Pute, Wild, Kaninchen **mittlerer Puringehalt:** Lamm, Ente, Hähnchen, Gans
Haut und Innereien	**sehr hoher Puringehalt:** Haut sowie Innereien wie Herz, Nieren, Leber, Lunge, Kalbsbries und vor allem Pansen
Fisch	**niedriger Puringehalt:** Kabeljau und Scholle **hoher Puringehalt:** Thunfisch, Sardinen
Obst/Gemüse	**fast frei von Purin:** Beeren, Äpfel, Birnen, Rote Bete
Milchprodukte und Eier	**frei von Purin:** Milch und Milchprodukte **fast frei von Purin:** Eier
Sonstiges	**frei von Purin oder purinarm:** Kokosflocken, Mandeln, Kürbiskerne

Verdauungsprobleme

Durchfall, Verstopfung oder Erbrechen gehören zu den Alltags-Wehwehchen, die auch bei sonst völlig gesunden Hunden ab und zu auftreten können.

DURCHFALL

Die Ursachen für Durchfall sind vielfältig und müssen nicht immer mit schwerwiegenden Erkrankungen einhergehen. Wenn Ihr Hund allerdings häufiger unter Durchfällen leidet und geschwächt ist, sollten Sie mit ihm zum Tierarzt oder Tierheilpraktiker gehen. Am häufigsten reagieren Hunde bei Futtermittelunverträglichkeiten, Allergien und bei Befall von Viren, Parasiten oder Bakterien mit Durchfällen. Aber auch Entzündungen, Tumorerkrankungen, Gifte, aufgenommene Fremdkörper und Erkrankungen der Bauchspeicheldrüse oder Leber können zu Durchfällen führen. Übrigens: Breiiger Stuhl ist kein Durchfall und kann manchmal vorkommen, ohne dass eine Behandlung nötig ist. Als erste und wichtigste Maßnahme lässt man einen Hund, der an Durchfall leidet, fasten, und zwar ca. 24 Stunden lang. Ein gutes Hausmittel ist dann das Füttern gekochter Karotten. Beim Kochen der Karotten entstehen kleinste Zuckermoleküle, sogenannte Oligosaccharide. Sie sind den Darmrezeptoren zum Verwechseln ähnlich, sodass die Bakterien statt an der Darmwand an den Zuckermolekülen andocken und ausgeschieden werden. Ein einfaches Rezept ist die Karottensuppe nach Dr. Moro, einem Kinderarzt, der Anfang des 20. Jahrhunderts tätig

war. Die Suppe hilft Hunden genauso gut wie Menschen (→ Praxistipp). Sollte Ihr Hund die Karotten nicht akzeptieren, kochen Sie ein Stück Fleisch mit, das Sie dann entfernen und für den nächsten Tag aufheben. Ein weiteres Mittel sind Brombeerblätter. Übergießen Sie ca. 1 EL Blätter mit heißem Wasser, lassen Sie sie 10 Minuten ziehen, und mischen Sie anschließend alles einfach unter das Futter.

VERSTOPFUNG

Ursachen für Verstopfung sind oft zu reichlich gefütterte Knochen, fehlende Rohfasern im Futter oder das Fressen von Fremdkörpern. Auch Schmerzen im hinteren Bewegungsapparat können zu Verstopfung führen. Als erste Maßnahme geben Sie eine Extraportion Fett in Form von Öl oder Butter. Auch abführende Lebensmittel wie Sauerkraut, Kürbis, Kokosflocken und im Notfall Milch haben sich bewährt. Hunde, die häu-

---

━━━━━ PRAXISTIPP ━━━━━

Für die Karottensuppe nach Dr. Moro brauchen Sie 500–1000 g Karotten (je nach Größe des Hundes). Schälen Sie die Karotten, schneiden Sie sie in Stücke, und kochen Sie sie in 1 l Wasser eine Stunde lang. Dann nehmen Sie die Karotten heraus, und pürieren Sie sie im Mixer. Den Brei füllen Sie mit Wasser wieder auf 1 l auf und geben zum Schluss 3 g Kochsalz dazu – fertig!

fig – vor allem nach der Knochenfütterung – Verstopfung haben, geben Sie keine Knochen oder nur sehr geringe Mengen. Zeichen für einen zu hohen Knochenanteil ist der helle, feste und fast schon sandige Knochenkot. Wenn der Hund jedoch auch erbricht oder Schmerzen hat, müssen Sie sofort mit ihm zum Tierarzt oder Tierheilpraktiker, ebenso, wenn die Verdauung nach zwei Tagen immer noch nicht wieder funktioniert.

ERBRECHEN

Grundsätzlich besteht kein Grund zur Sorge, wenn Ihr Hund sich einmal erbricht. Gründe können zu schnell aufgenommene Nahrung, Unverträglichkeit von bestimmten Nahrungsmitteln, eine Überproduktion von Magensäure, die Aufnahme von unverdaulichen Gegenständen oder zu große verschluckte Kauartikel oder Knochen sein. Allerdings kann Erbrechen auch auf eine Entzündung der Magenschleimhaut hinweisen. Bei häufigem Erbrechen plus Durchfall sollten Sie unbedingt einen Tierarzt oder Tierheilpraktiker aufsuchen.

Wenn Ihr Hund längere Zeit erbricht, sollten Sie darauf achten, dass er genug trinkt. Außerdem empfiehlt es sich, ihn fasten zu lassen. Wenn der Hund nicht trinkt oder das Getrunkene immer wieder erbricht, bringen Sie ihn zum Tierarzt. Dieser kann durch eine Infusion verhindern, dass er austrocknet. Sollte Ihr Hund wieder Appetit zeigen, geben Sie ihm die gleiche magenschonende Nahrung wie bei Durchfall – die Karottensuppe.

Auch beim Hund hilft Dr. Moros Karottensuppe meist schnell gegen Durchfall. Schlägt das Hausmittel nicht an, heißt es: Ab zum Tierarzt!

Brombeerblätter als Tee oder trocken ins Futter gemischt haben sich als Heilmittel bei Verdauungsstörungen wie Durchfall ebenfalls bewährt.

HÄUFIGE FRAGEN ZU BARF BEI WELPEN & KRANKEN HUNDEN

Bekommt der Welpe beim Barfen auch genug Nährstoffe und Futter? Und was ist zu beachten, wenn der Hund krank ist?

Braucht mein Welpe besondere Nährstoffe, die ihm bei der Fütterung mit BARF fehlen könnten?

André Seeger: Nein. Wenn Sie das Prinzip Beutetier beachten und Ihren Welpen abwechslungsreich ernähren und seinen erhöhten Kalziumbedarf berücksichtigen,

Es lässt sich nicht immer verhindern, dass Hunde aus Pfützen trinken. Kommt es zu einer Giardien-Infektion, hilft Rohfütterung.

wird auch ein Welpe beim Barfen mit allen wichtigen Nährstoffen versorgt.

Sollten Welpen proteinarm ernährt werden, damit sie nicht so schnell wachsen und eventuell Probleme mit den Knochen und Gelenken bekommen?

André Seeger: Proteine sind mit die wichtigsten Bausteine der Zellen und sollten nicht reduziert gefüttert werden. Außerdem ist der Zusammenhang zwischen dem Proteingehalt von Futter und der Wachstumsgeschwindigkeit fraglich. Viel wichtiger ist es, den Energiegehalt des Futters für Welpen im Auge zu behalten, um das Gewicht zu beeinflussen und Sorge zu tragen, dass der Welpe nicht zu schnell zu schwer wird. Wird Ihr Welpe zu pummelig, wählen Sie besser kalorienarmes Fleisch wie Huhn oder Pute und verzichten auf süßes, kalorienreiches Obst wie Bananen.

Wie oft sollte ich die Futtermenge für meinen Welpen nachberechnen?

André Seeger: Ich empfehle, Welpen wöchentlich zu wiegen und ca. alle 14 Tage die Futterration anzupassen. Da Welpen manchmal regelrechte Wachstumsschübe haben, dann aber wieder langsamer wachsen, kann sich der Bedarf rasch ändern.

Bei meinem Hund wurde eine Giardien-Infektion festgestellt. Worauf muss ich nun achten?

André Seeger: Da sich Giardien in erster Linie von Kohlenhydraten ernähren, sollten Sie, solange Ihr Hund nicht wieder frei von den Erregern ist, bei der Fütterung komplett auf Kohlenhydrate verzichten.

Sind Giardien für mich als Hundehalter gefährlich?

André Seeger: Giardien zählen zu den sogenannten Zoonose-Erregern, das heißt, sie können vom Tier auf den Menschen übertragen werden und umgekehrt. Wenn Ihr Hund infiziert ist, ist eine ausreichende Hygiene wie gründliches Händewaschen mit Seife und heißem Wasser sehr wichtig. Bei Kindern sollte man außerdem darauf achten, dass sie sich vom Hund nicht Hände oder Gesicht ablecken lassen.

Welche Fleischteile sollte ich besser nicht füttern, wenn mein Hund eine Schilddrüsenüberfunktion hat?

André Seeger: Verzichten Sie in einem solchen Fall unbedingt auf Kehlkopf und Schlund, da diese Fleischteile Reste der Schilddrüse und somit Schilddrüsenhormone enthalten können.

Schlundfleisch kann Schilddrüsenhormone enthalten. Verzichten Sie darauf, wenn Ihr Hund an der Schilddrüse erkrankt ist.

Leiden alle Dalmatiner unter einer Störung des Purinstoffwechsels?

André Seeger: Nein, allerdings sind viele Tiere davon betroffen. Mein Tipp: Wenn Ihr Hund beschwerdefrei ist, lassen Sie einfach ab und zu im Rahmen der normalen Untersuchungen beim Tierarzt auch den Urin des Hundes auf eine eventuelle Stein- oder Kristallbildung untersuchen. Wenn Sie jedoch den Eindruck haben, dass Ihr Dalmatiner beim Urinieren Schmerzen hat oder weniger uriniert, sollten Sie sofort mit ihm zum Tierarzt gehen.

Register

Halbfett gesetzte Seitenzahlen
verweisen auf Abbildungen.

VEREINE/VERBÄNDE

Fédération Cynologique International (FCI), Place Albert 1er, 13, BE-6530 Thuin, www.fci.be

Verband für das Deutsche Hundewesen e.V. (VDH), Westfalendamm 174, 44141 Dortmund, www.vdh.de

Deutscher Tierschutzbund e.V., In der Raste 10, 53129 Bonn, www.tierschutzbund.de

FRAGEN ZUR HALTUNG

beantworten Ihr Zoofachhändler und der **Zentralverband Zoologischer Fachbetriebe Deutschlands e.V. (ZZF)**, www.zzf.de, Online-Portal: www.my-pet.org, Tel.: 0611/44 75 53 32 (Mo 12–16, Do 8–12 Uhr)

TIERÄRZTE/TIERHEIL-PRAKTIKER

Bundesverband praktizierender Tierärzte e.V. (BPT), www.smile-tierliebe.de

Gesellschaft für ganzheitliche Tiermedizin e.V. (GGTM), www.ggtm.de

ADRESSEN IM INTERNET

www.barfers.de
Private Website rund um die artgerechte Ernährung mit BARF und Naturheilpraktik

www.gesundehunde.com
Informationen zur Gesundheit des Hundes, Verlinkung auf Online-Verzeichnis von BARF-Shops

www.wolfshunger.com
Homepage des Autors, Informationen zum Thema artgerechte Tierernährung

www.mutig-gbr.eu
Infos rund um das Thema BARF und Tierheilpraxis

www.barfers-selection.eu
Das BARF-Branchenbuch mit einer umfangreichen Aufstellung von BARF-Shops in Ihrer Nähe und Online-Anbietern

BÜCHER

Biber, V.: **Futterprobleme bei Hunden.** Animal Learn Verlag, Bernau.

Kohtz-Walkemeyer, M.: **BARF für Hunde.** Gräfe und Unzer Verlag, München.

Meyer, H.; Zentek, J.: **Ernährung des Hundes.** Enke Verlag, Stuttgart.

Wienrich, V.: **Das große Buch der Hundekrankheiten.** Müller Rüschlikon, Stuttgart.

DANKSAGUNG

Der Autor möchte sich bei folgenden Personen bedanken: bei Alexander Geltner für die unermüdliche Unterstützung während des Schreibens, bei Tanja und Steffi Kimbel, bei Bianca Olschowsky fürs Rücken-Freihalten, bei der Tierheilpraktikerin Elke Schiffers für die fachliche Beratung, bei Silke und André Müller, ohne die »Wolfshunger« ein Traum geblieben wäre, und zu guter Letzt bei seiner Hündin Zoe, ohne die er vermutlich erst deutlich später mit diesem Thema in Berührung gekommen wäre.

BILDNACHWEIS

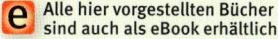

DER AUTOR

André Seeger ist Ernährungsberater für Tiere mit Schwerpunkt Hunde und Katzen. Als zertifizierter BARF-Experte betreibt er in Essen seit drei Jahren das Fachgeschäft »Wolfshunger« für die artgerechte Ernährung von Hund und Katze. Seit Mitte 2015 hält er an der Paracelsus Heilpraktikerschule Seminare zum Thema BARF.

DIE FOTOGRAFEN

Michael Brauner fotografiert in seinem Studio und on location Genuss pur! Mit seinem Team setzt er Themen rund ums Kochen und Genießen in stimmungsvolle Bilder um. www.food-fotografie-brauner.de

Oliver Giel hat sich mit Eva Scherer auf die Bildproduktion von Tier- und Naturthemen spezialisiert. Ihre Arbeiten kommen in Printmedien und in der Werbung zum Einsatz. Ein umfangreiches Bildarchiv und weitere Infos gibt es unter: www.tierfotograf.com

Syndication:
www.jalag-syndication.de

© 2015 GRÄFE UND UNZER VERLAG GmbH, München Alle Rechte vorbehalten. Nachdruck, auch auszugsweise, sowie Verbreitung durch Bild, Funk, Fernsehen und Internet, durch fotomechanische Wiedergabe, Tonträger und Datenverarbeitungssysteme jeder Art nur mit schriftlicher Genehmigung des Verlages.

Projektleitung:
Anna Geistbeck/
Cornelia Nunn
Lektorat: Barbara Kiesewetter
Bildredaktion: Daniela Jelinek, Petra Ender (Cover)
Umschlaggestaltung und Layout: independent Medien-Design, Horst Moser, München
Herstellung:
Susanne Mühldorfer
Grafik & Satz: Ludger Vorfeld
Reproduktion: Longo AG, Bozen
Druck: aprinta, Wemding
Bindung: m.appl, Wemding
Umwelthinweis: Dieses Buch ist auf PEFC-zertifiziertem Papier aus nachhaltiger Waldwirtschaft gedruckt.

ISBN: 978-3-8338-4844-5
1. Auflage 2015

GRÄFE UND UNZER

Ein Unternehmen der
GANSKE VERLAGSGRUPPE

Liebe Leserin, lieber Leser,

haben wir Ihre Erwartungen erfüllt? Sind Sie mit diesem Buch zufrieden? Haben Sie weitere Fragen zu diesem Thema? Wir freuen uns auf Ihre Rückmeldung, auf Lob, Kritik und Anregungen, damit wir für Sie immer besser werden können.

GRÄFE UND UNZER Verlag
Leserservice
Postfach 86 03 13
81630 München
E-Mail:
leserservice@graefe-und-unzer.de

Telefon: 00800 / 72 37 33 33*
Telefax: 00800 / 50 12 05 44*
Mo–Do: 8.00–18.00 Uhr
Fr: 8.00–16.00 Uhr
(gebührenfrei in D, A, CH)*

Ihr GRÄFE UND UNZER Verlag
Der erste Ratgeberverlag – seit 1722.

WICHTIGE HINWEISE

Alle Ratschläge und Empfehlungen in diesem Buch wurden sorgfältig recherchiert und in der Praxis erprobt. Dennoch können nur Sie selbst entscheiden, ob und inwieweit Sie diese Vorschläge mit Ihrem Hund umsetzen können und möchten. Lassen Sie sich in allen Zweifelsfällen zuvor durch einen Tierheilpraktiker oder Tierarzt beraten. Weder Autor noch Verlag können für eventuelle Schäden, die aus den im Buch gegebenen praktischen Hinweisen resultieren, eine Haftung übernehmen.

 www.facebook.com/gu.verlag